BIBLIOTHÈQUE DU *PROGRÈS AGRICOLE ET VITICOLE*

MANUEL PRATIQUE DES SULFURAGES

GUIDE DU VIGNERON

POUR L'EMPLOI DU SULFURE DE CARBONE

Contre le Phylloxera

PAR

Le Dr CROLAS	V. VERMOREL
PROFESSEUR A LA FACULTÉ DE MÉDECINE ET DE PHARMACIE DE LYON VICE-PRÉSIDENT DU COMITÉ D'ÉTUDES ET DE VIGILANCE DU RHÔNE	PRÉSIDENT DU COMICE AGRICOLE DU BEAUJOLAIS CHEVALIER DU MÉRITE AGRICOLE

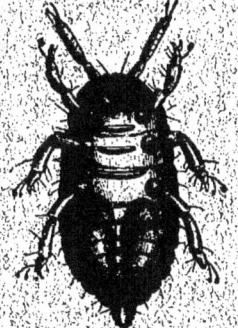

Onzième édition, revue et augmentée

PRIX : 1 Fr. 50

VILLEFRANCHE (Rhône) ET MONTPELLIER

Bureau du *Progrès agricole et viticole*

LYON. — LIBRAIRIE HENRI GEORG

65, Rue de la République, 65

MDCCCLXXXVI

BIBLIOTHÈQUE DU *PROGRÈS AGRICOLE ET VITICOLE*

MANUEL PRATIQUE DES SULFURAGES

GUIDE DU VIGNERON

POUR L'EMPLOI DU SULFURE DE CARBONE

Contre le Phylloxera

PAR

Le Dr CROLAS
PROFESSEUR A LA FACULTÉ DE MÉDECINE
ET DE PHARMACIE DE LYON
VICE-PRÉSIDENT DU COMITÉ D'ÉTUDES
ET DE VIGILANCE DU RHÔNE

V. VERMOREL
PRÉSIDENT DU COMICE AGRICOLE
DU BEAUJOLAIS
CHEVALIER DU MÉRITE
AGRICOLE

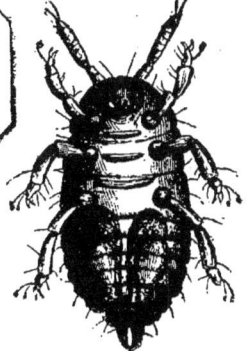

Onzième édition, revue et augmentée

PRIX : 1 Fr. 50

VILLEFRANCHE (Rhône) ET MONTPELLIER
Bureau du *Progrès agricole et viticole*
LYON. — LIBRAIRIE HENRI GEORG
65, Rue de la République, 65

MDCCCLXXXVI

SOMMAIRE

	Pages
Le Phylloxera	5
La Défense des vignes	15
Le Sulfure de carbone	18
Le Matériel de sulfurage	31
Les Conditions de traitement	56
Pratique de l'opération	60
Les Syndicats	101

INTRODUCTION

Cette brochure s'adresse surtout aux propriétaires cultivant eux-mêmes, aux vignerons; elle ne contient, en fait de théorie, que les indications nécessaires pour rendre la pratique des sulfurages, intelligente et raisonnée.

Notre programme étant ainsi restreint, nous avons dû laisser de côté tous les autres procédés de défense ou de reconstitution qui nous en auraient fait sortir.

Personne ne conteste plus aujourd'hui les propriétés insecticides du sulfure de carbone. « Son
« efficacité comme l'a dit M. Cheysson, rappor-
« teur du syndicat de Chiroubles, est écrite sur
« le terrain lui-même, en traits irrécusables, par
« le contraste entre les vignes non traitées ou
« traitées tardivement et celles qui ont été en
« temps utile l'objet d'un traitement régulier : les
« premières sont mortes ou mourantes, pendant
« que les autres présentent une belle végéta-
« tion. »

On sait que les vapeurs du sulfure sont mortelles pour le phylloxera et sans danger pour la vigne lorsque l'opération est bien conduite. A mesure que les traitements se généralisent et qu'on sait mieux les faire, les accidents, qui ont marqué le début, deviennent de plus en plus rares.

Le succès ou l'insuccès des traitements dépend uniquement des soins apportés et des conditions dans lesquelles l'opération est effectuée. C'est à bien préciser ces soins et ces conditions que nous nous sommes attachés, heureux si nous avons pu réussir.

Nous avons divisé notre travail en sept parties.

La première est consacrée à l'insecte, à ses mœurs, à ses ravages et à sa recherche; nous avons pensé que, ces renseignements même succincts seraient de quelque utilité dans les pays récemment envahis.

Les autres comprennent la défense des vignes, les propriétés du sulfure de carbone, le matériel de sulfurage, les conditions et la pratique des traitements, la formation des syndicats et leur fonctionnement.

La table alphabétique des matières, qui termine ce travail, permet de trouver facilement les renseignements dont on peut avoir besoin.

Lyon et Villefranche, le 15 février 1886.

Dr CROLAS, VERMOREL.

LE PHYLLOXÉRA

SES MŒURS, SES RAVAGES, SA RECHERCHE

On ne peut bien combattre qu'un ennemi connu. Avant de passer à l'examen des moyens de le détruire, jetons un regard sur le terrible parasite de la vigne.

Le phylloxera est un très petit insecte jaune-verdâtre de la même famille que les pucerons *(Hémiptères)*. Il a six pattes et deux longues antennes. Celui que l'on trouve communément sur les racines n'a pas d'ailes, il est muni d'un fort suçoir, qui lui permet de traverser l'écorce et d'arriver jusqu'aux parties tendres des racines pour y puiser sa nourriture.

Fig. 1. OEuf grossi du phylloxera aptère. — Fig. 2. Pointillé figurant la grandeur naturelle. — Fig. 3. Jeune insecte agile grossi.

Avec un peu d'habitude, malgré les faibles dimensions de l'insecte (1/2 à 3/4 de millimètre de longueur), on le distingue à l'œil nu ; mais c'est avec une loupe que sa recherche est le plus facile.

L'œuf du phylloxera des racines est ovoïde, allongé, de couleur jaune citron plus ou moins foncé, sa longueur est d'environ 3/10 de millimètre. L'insecte éclôt généralement au bout de sept à dix jours, selon la température; à 25 degrés, il peut même éclore en quatre ou cinq jours.

Phylloxera aptère.
Fig. 4. Après la première mue. — Fig. 5. Après la deuxième mue.

Après trois mues successives, dont la durée totale est de douze à quinze jours, il est propre à la reproduction. C'est alors une mère pondeuse.

Phylloxera aptère après la troisième mue.
Fig. 6. Vu en dessus. — Fig. 7. Vu en dessous.

Arrivé à ce développement, l'insecte dépose, par jour de trois à six œufs sur les racines, en sorte que, pendant les deux mois qu'il vit, il a le temps de pondre deux cents œufs, qui, à leur tour, éclosent et pondent, si bien qu'on estime, suivant les pays, de un à trente millions le nombre issu d'un seul insecte dans une saison, qui dure, dans le Midi, du 15 avril au 1er novembre, et dans le Beaujolais et les Charentes, un mois de moins.

La ponte est arrêtée lorsque la température du sol s'abaisse au-dessous de + 10 degrés centigrades.

A l'automne, toutes les mères pondeuses périssent; les jeunes phylloxeras, dont la mue n'est pas achevée, restent seuls et passent l'hiver dans un état d'engourdissement.

Au printemps, ils reprennent vie, achèvent leurs mues et se mettent à pondre.

Cependant la fécondité de toutes ces générations sans mâles s'épuise peu à peu, le nombre des œufs pondus diminue de plus en plus, et le phylloxera finirait par disparaître.

Malheureusement cette fécondité est renouvelée par quelques insectes qui, subissant une quatrième mue, s'allongent et laissent apparaître de très petits rudiments d'ailes.

Ayant subi cette métamorphose, les *nymphes*, comme on les appelle, montent le long des ceps et se rapprochent de la surface du sol.

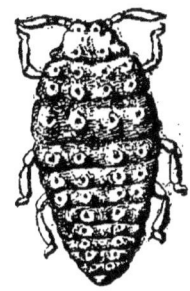

Fig. 8. Nymphe.

A la suite d'une cinquième mue, la nymphe se transforme en insecte ailé, fécond, comme le phylloxera des racines, sans le concours des mâles.

Le phylloxera ailé est pourvu de grandes ailes qui le rendent assez visible à l'œil nu ; malgré cela, on le découvre difficilement (1). C'est lui qui, emporté par son vol ou par le vent, va fonder les nouvelles colonies.

Lorsqu'un essaim de ces insectes tombe sur une vigne, chacun d'eux se fixe sur les pampres, les jeunes

---

(1) C'est dans les toiles d'araignées des vignes qu'on a le plus de chances de le trouver.

feuilles et bourgeons, et y puise sa nourriture au moyen d'un suçoir semblable à celui du phylloxera des racines, mais plus court. Cet insecte pond alors quelques œufs dans le duvet des jeunes feuilles, sous les écorces du cep ou même à la partie supérieure du sol.

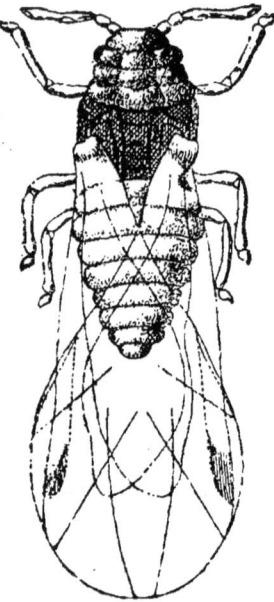

Fig. 9. Phylloxera ailé.

De ces œufs, plus gros que ceux du phylloxéra des racines, naissent des insectes, sans ailes également,

Fig. 10. Œufs du phylloxera ailé.

mais de sexes différents, qu'on appelle pour cette raison *sexués*. Tous deux, mâles ou femelles, sont dépourvus de suçoirs et ne font pas de mal à la vigne; ils ne mangent pas, ils sont seulement propres à la reproduction et meurent sitôt après l'avoir assurée.

La femelle sexuée pond un seul œuf *sur le cep* entre les écorces. C'est le fameux œuf d'hiver découvert par M. Balbiani.

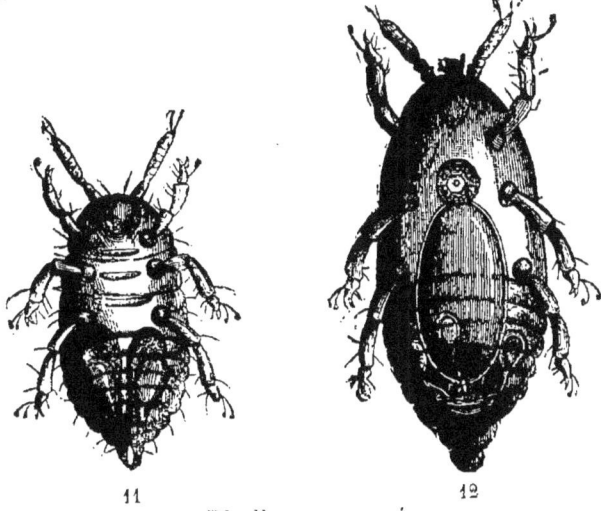

Phylloxera sexué.
Fig. 11. Mâle. — Fig. 12. Femelle avec l'œuf unique à l'intérieur.

Cet œuf, de couleur verdâtre, est ordinairement déposé par la femelle sexuée en août ou septembre. Il éclôt au mois d'avril.

Fig. 13. OEuf d'hiver.

De cet œuf sort un insecte sans ailes, c'est le phylloxera des racines dont nous avons parlé en commençant.

La plupart des insectes, ainsi engendrés, gagnent les racines pour commencer leurs ravages et leurs pontes; quelques-uns, en petit nombre, se portent sur les feuilles où leurs piqûres forment des galles qu'on ne rencontre guère ailleurs que dans le Midi et surtout sur les feuilles des vignes américaines; ces galles ne paraissent pas porter préjudice à la vigne.

On voit que le mâle n'intervient, qu'une fois par an, pour assurer par l'œuf d'hiver la perpétuité de l'espèce et qu'il ne joue aucun rôle dans la reproduction des phylloxeras des racines, ceux-ci se reproduisant sans son concours.

Il reste encore bien des points obscurs dans l'histoire naturelle du phylloxéra, nous ne donnons, dans ce résumé, forcément succint, que les points qui nous paraissent les mieux établis.

Les effets du phylloxera. — Par contre, malheureusement, les tristes effets du phylloxera sont trop connus. Le phylloxera vit sur les racines de la vigne qu'il pique avec son suçoir. Sous l'influence de la

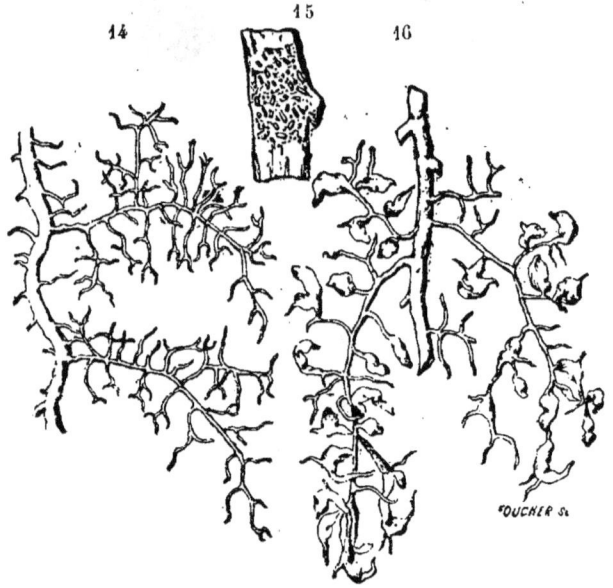

Radicelles ou chevelus des racines.

Fig. 14. Partie saine. — Fig. 15. Phylloxera sur le vieux bois, grandeur naturelle. — Fig. 16. Partie phylloxérée, avec renflements.

piqûre, la partie atteinte se gonfle, se désorganise et, l'altération pénétrant jusqu'au centre, les racines pourrissent. A ceux qui pourraient s'étonner des ravages causés par cet infiniment petit, nous rappellerons que l'homme qui supporte sans peine une piqûre d'abeille succombe si les piqûres sont nombreuses. Il en est de même des racines attaquées par le phylloxera. Et c'est pourquoi on doit rechercher dans les nouvelles vignes dites *résistantes*, celles qui portent habituellement le moins de phylloxeras.

Un cep envahi par cet insecte, depuis trois ans, a, le plus souvent, toutes ses racines pourries, couvertes de nodosités et de renflements : il est alors abandonné par son ennemi, qui va chercher ailleurs la nourriture qui lui manque.

Si, dans le Midi, la destruction des vignobles est plus rapide, c'est que la multiplication du phylloxera se fait plus vite, favorisée qu'elle est par une température plus élevée.

La tache. — Sous les atteintes du parasite, les vignes poussent moins de bois qu'à l'ordinaire, les feuilles jaunissent et tombent plus tôt, l'ensemble des ceps malades forme ce qu'on appelle la *tache phylloxérique*. Dans la tache phylloxérique, les ceps du milieu sont généralement plus malades que les autres, ils meurent les premiers. A mesure qu'on s'éloigne du centre, on trouve les sarments de plus en plus longs.

Dans les vignobles abandonnés à eux-mêmes, la tache va sans cesse s'élargissant, comme une tache d'huile. Lorsqu'elle apparaît, les racines ont déjà beaucoup souffert, le mal est ancien, les insectes ailés ont pu se répandre sur d'autres points, et, si cette tache englobe quelques centaines de souches, on peut sans les voir, affirmer l'existence de taches plus récentes dans le voisinage.

Propagation des ravages. — Si le mal se propage de proche en proche par les insectes souterrains, il se répand à distance et saute d'un point à l'autre par les ailés, qui essaiment et quittent le foyer primitif, comme un essaim d'abeilles abandonne une ruche trop pleine.

A force de s'élargir et de se multiplier, les taches finissent par se toucher, les vignes sont alors perdues. C'est ainsi que plus d'un million d'hectares de vignes ont été détruits en France.

Recherche du phylloxera. — Lorsque, dans un pays phylloxéré, on voit une vigne, jusque-là saine, fléchir sur un ou plusieurs points, les feuilles jaunir ou rougir, se contourner sur les bords, on peut présumer la présence du phylloxera. A plus forte raison, lorsque les ceps paraissent rabougris, comparés aux ceps voisins, les sarments moins nombreux et moins forts, les feuilles plus petites, les raisins peu abondants et mûrissant tardivement.

Mais tous ces caractères extérieurs ne sont pas cependant suffisants pour en conclure la présence du phylloxera. L'eumolpe ou écrivain forme parfois des taches semblables dans les vignes; la jaunisse des feuilles, ou chlorose, en forme d'autres. L'examen des racines est indispensable : s'il s'agit des larves de coléoptères, on trouve des galeries creusées dans les racines; du reste, pour l'écrivain, la feuille sera elle-même déchiquetée par l'insecte. S'il s'agit, au contraire, du phylloxera, les radicelles ou *barbues* qui se développent au printemps, au lieu d'être filiformes comme elles le sont d'ordinaire, sont renflées en forme de poire ou crosse de pistolet (fig. 16). On trouve souvent sur cette partie renflée, que l'on appelle *nodosité*, l'insecte qui l'a produite, entouré d'un certain nombre d'œufs. La première année, ces renflements ont la couleur des radicelles; ils brunissent ensuite.

La constatation de ces nodosités, à défaut d'insectes, indique assez le mal, mais la présence du phylloxera étant évidemment l'indice le plus certain, on doit le rechercher particulièrement sur les radicelles, pendant l'été.

Nous avons vu, souvent, des vignerons, prendre

pour le phylloxera, de petits insectes jaunes appelés *podurelles*. Les podurelles vivent de détritus végétaux, sont très agiles et sautent vivement, au moyen d'un appendice caudal en forme de fourche, lorsqu'on les touche.

Lorsque la maladie est plus ancienne, les nodosités deviennent marron foncé, puis noirâtres et tombent en pourriture. On trouve alors l'insecte sur les petites racines et même sur les grosses. Leur bois devient noueux, rugueux et, sur les petites, prend une teinte violacée.

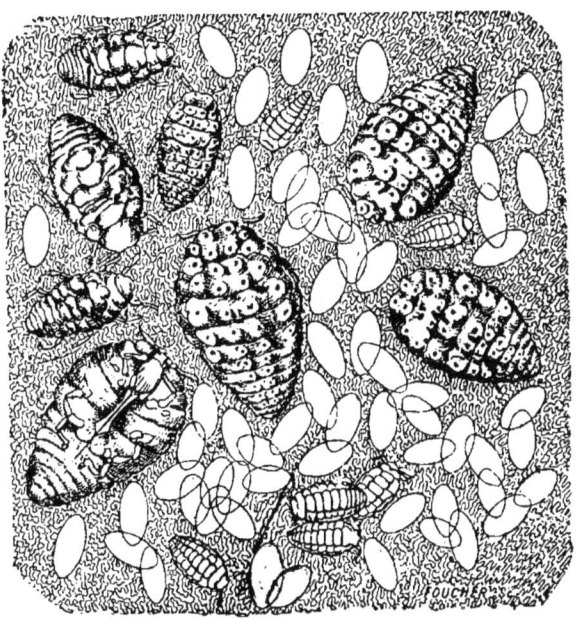

Fig. 17. Groupe de phylloxeras sur une grosse racine (l'ensemble est grossi environ 100 fois).

C'est dans les replis de ces racines qu'on rencontre les parasites en grand nombre.

Pendant toute la période de végétation, on trouve le phylloxera un peu partout ; très petit et jaune clair au printemps, plus gros et jaune verdâtre en été, il se tient davantage sur les racines superficielles.

Si la tache est bien marquée, si même quelques ceps

sont morts, il faut rechercher l'insecte sur les souches voisines, sur celles qui sont encore vigoureuses et pleines de sève.

En hiver, la recherche du phylloxera est plus difficile ; l'insecte, par suite de son immobilité, de sa coloration plus sombre et du petit nombre des individus, se découvre difficilement. On doit s'attacher d'abord à constater l'existence, sur les radicelles du printemps, de renflements noirs et flasques en forme de poire, c'est, nous l'avons dit, l'indice certain du passage du phylloxera.

Lorsqu'on se livre à ces recherches, il est important de ne pas laisser l'ouvrier chargé de déterrer le cep, extraire lui-même les racines, car, en tirant dessus, il enlève l'écorce qui est précisément la partie qu'il faut visiter. Il est préférable de faire déchausser le cep et de couper, soi-même, les grosses racines à la naissance, en enlevant un peu du bois de la souche.

Alors, avec l'ongle ou un couteau, on enlève délicatement, près de la naissance de la racine, l'écorce superficielle seulement ; car c'est, sous cette dernière, qu'on apercevra, à la loupe, une multitude de points jaune-verdâtres, verdâtres ou olive ; qui sont des phylloxeras réunis par groupes de quatre à dix, et parfois si nombreux, qu'on peut, sans exagération, évaluer leur nombre à plus d'une centaine par centimètre carré. On peut obtenir le même résultat en enlevant des lames d'écorce le long de la partie souterraine de la souche. Les racines sont quelquefois tellement chargées d'insectes, que les doigts deviennent jaunes en les touchant.

Comme on les trouve tantôt sur les racines profondes, tantôt sur les racines superficielles, il est difficile d'établir une règle bien fixe pour les recherches.

DÉFENSE DE LA VIGNE

Doit-on défendre la vigne? — La présence de l'insecte constatée, lorsqu'il s'agit de défendre la vigne, le viticulteur doit se poser une double question : ai-je intérêt à défendre ma vigne? puis-je la défendre?

En agriculture, toute opération à faire doit avoir pour but le profit; mettons donc en regard du produit des récoltes, les dépenses nouvelles qui vont s'ajouter aux frais de culture par suite de la présence de l'insecte.

Pour traiter un hectare avec le sulfure il faut :

180 à 200 kilog. sulfure, à 40 fr. environ,................	80 fr.
12 à 20 journées de travail, suivant que le sol offre plus ou moins de résistance au pal,...........................	60
c'est donc une dépense de	140 fr.

Il y a encore à ajouter des frais de fumure plus ou moins élevés, que nous n'avons pas à évaluer, puisque l'engrais mis en excès n'est pas perdu; tout ce qui est mis en plus des besoins de la plante augmente la fertilité du sol et servira au besoin des récoltes futures.

Pour qu'il y ait intérêt à conserver la vigne, il faut, non seulement qu'il reste un revenu, mais encore que, malgré cette dépense nouvelle, ce revenu soit égal ou supérieur à celui qu'on tirerait d'une autre culture. Or, heureusement, il faut bien le dire, il en est ainsi dans la généralité des cas.

Avant le traitement il y a lieu aussi d'examiner l'état de la vigne.

Si elle est vieille, si les taches sont nombreuses, il

est inutile d'entreprendre la défense. Nous avons vu, en effet, que lorsque les taches sont multiples, la vigne est envahie depuis trois ou quatre ans, le mal, pour être plus ou moins apparent, n'en est pas moins considérable ; dans ces conditions, il faudra trois ou quatre ans pour ramener en bon état une vigne qui serait juste en âge d'être arrachée, si le phylloxera ne s'en était emparé. Ce serait donc faire des frais inutiles que de tenter de la guérir.

La vigne est-elle jeune, bien que le mal soit profond, on a plus d'espoir de réussir, et, si l'on passe deux ou trois ans à la ramener à la pleine production, on aura au moins le temps de profiter de ses produits.

Il y a lieu aussi de se préoccuper de la nature des terrains.

Pour que le sulfure agisse, il faut que ses vapeurs puissent se diffuser dans le sol, que le terrain soit perméable. Le sulfure réussira d'autant mieux que cette condition sera mieux remplie.

C'est dans les sols meubles et profonds, — la plupart des terrains calcaires ou granitiques sont dans ce cas, — *que le sulfure réussit le mieux*.

Si la couche de terre n'a pas au moins 20 ou 30 centimètres, on ne peut guère espérer un succès. La plus grande partie des vapeurs se perd dans l'air au lieu d'agir. Dans ces terrains, il faudrait, — au rebours des terrains ordinaires, — traiter quand le sol, sans être mouillé, conserve encore une certaine humidité superficielle.

Moyens de défense. — Toute vigne envahie par le phylloxera est fatalement vouée à la mort, si on l'abandonne à elle même.

On ne saurait trop réagir contre cette opinion que le phylloxera s'en ira comme il est venu ; c'est avec ce raisonnement qu'on perd un vignoble.

Pour sauver la vigne, il faut absolument détruire les insectes qui l'accablent.

Ce ne sont pas les procédés qui manquent, on en compte plus de sept mille,— tous plus ou moins infaillibles, suivant leurs inventeurs, — mais dont le moindre défaut est de tuer la vigne avant l'insecte, d'être trop coûteux ou inoffensifs pour le phylloxera. Nous ne parlons pas de ceux qui n'ont d'autre but que d'abuser de la crédulité du vigneron.

Trois moyens de destruction seulement, ont été reconnus efficaces par la Commission supérieure du phylloxera et sont patronnés par elle : *la submersion, le sulfocarbonate de potassium* et *le sulfure de carbone*. Il ne faut point hésiter à les employer dès qu'on s'aperçoit de la présence de l'insecte.

La submersion. — La submersion consiste à recouvrir pendant quarante à cinquante jours le sol des vignes phylloxérées d'une couche d'eau de 20 à 40 centimètres d'épaisseur ; elle n'est guère possible qu'au bord des rivières et seulement dans les vignes où le sous-sol imperméable retient l'eau.

Le sulfocarbonate. — Le sulfocarbonate de potassium exige, lui aussi, de grandes quantités d'eau, 20 à 40 litres par souche. C'est un procédé très efficace. Ce produit dégage des vapeurs de sulfure de carbone qui tuent le phylloxera. Malheureusement son prix et la masse d'eau nécessaire à son emploi en empêchent la généralisation.

Le sulfure de carbone est plus souvent applicable ; aussi est-ce de lui que nous nous occuperons spécialement dans ce travail.

LE SULFURE DE CARBONE

SES PROPRIÉTÉS

Le sulfure de carbone provient de la combinaison du soufre et du charbon (*carbone*); c'est un liquide incolore comme l'eau, l'alcool, l'éther, mais beaucoup plus lourd que ces trois substances.

A la température de 0°, un litre pèse 1,298 grammes et à $+$ 10° 1,279 grammes.

C'est un liquide très volatil, il bout à 46° 6/10° et ne gèle pas aux plus basses températures.

Récemment fabriqué et chimiquement pur, il n'a presque pas d'odeur, mais dès qu'il a séjourné quelque temps dans les barils en fer, il exhale une odeur d'œufs pourris. Sous l'influence de la lumière, il jaunit légèrement.

Il se dissout à peine dans l'eau (1,78 0/0) d'après M. Dumas, par le fouettage le plus énergique on ne peut en faire dissoudre plus de 2 à 3 0/0. S'il ne se dissout pas dans l'eau, il lui communique sa mauvaise odeur. Par contre, il se mélange très bien avec les huiles, avec l'alcool, avec l'éther.

Le sulfure de carbone est très inflammable comme l'éther, l'alcool, le pétrole. Ses vapeurs *mélangées à l'air* peuvent, comme le gaz d'éclairage, produire un mélange détonant susceptible de faire explosion sous l'influence d'une étincelle.

Il peut dissoudre une forte proportion de phosphore ou de soufre. A 15° il dissout 37,15 0/0 de ce dernier; à 0°, encore près de 24 0/0. Il gonfle et peut même dissoudre le caoutchouc.

Fabrication au laboratoire. — Bien que le sulfure de carbone résulte de la combinaison du soufre et du charbon, en chauffant un mélange de ces deux matières on n'obtiendrait pas du sulfure de carbone; le soufre partirait en vapeur avant que la combinaison se produise. On emploie généralement dans les laboratoires le procédé suivant.

Un tube en porcelaine rempli de charbon de bois concassé est chauffé au rouge dans un fourneau à reverbère légèrement incliné.

L'extrémité la plus élevée de ce tube est fermée par un bouchon qu'on ouvre de temps en temps pour déposer dans ce tube un fragment de soufre : celui-ci fond, se réduit en vapeur, agit sur le charbon incandescent, et le sulfure de carbone produit se réunit dans une allonge, puis dans un flacon contenant une couche d'eau, sous laquelle il se condense.

Fig. 18. — Appareil de laboratoire pour la préparation du sulfure de carbone.

Le sulfure ainsi préparé est impur, il contient notamment un excès de soufre.

Une distillation le débarrasse de cet excès et le rend propre à être employé à la destruction du phylloxera. On a alors du sulfure de carbone ordinaire de bonne qualité, mais non du sulfure de carbone *chimiquement pur*. Ce dernier, qui possède une odeur éthérée non désagréable et rappelant un peu celle du chloroforme, n'a d'intérêt que pour les laboratoires. On l'obtient en lavant le sulfure ordinaire avec un lait de chaux ou en le mélangeant avec de l'huile et en distillant à une température modérée.

La chaux peut être remplacée par la litharge ou par un métal comme le cuivre, le zinc, le fer.

Fabrication industrielle du Sulfure de carbone. — Le sulfure de carbone fabriqué dans les laboratoires était un produit coûteux. C'est M. Deiss le premier qui est arrivé à en faire un produit bon marché par la fabrication industrielle.

Les fabriques de sulfure de carbone sont généralement montées sur un type uniforme.

Un même fourneau chauffe quatre cylindres en terre réfractaire dont la surface intérieure est vernissée pour en prévenir les fuites.

Chaque cylindre a 1^{m}80 de hauteur et 0^{m}50 de diamètre intérieur. A la partie supérieure de chaque cylindre se trouve un obturateur en terre réfractaire. Au fond est un manchon concentrique de 0^{m}15 de hauteur et portant une grille également en terre réfractaire.

Au travers de cette grille, passe un tube vertical en argile de 0^{m}05 de diamètre par lequel on introduit le soufre ; ce tube traverse une des tubulures de l'obturateur. Une deuxième tubulure porte le tuyau de dégagement de 0^{m}08 de diamètre ; enfin une troisième ouverture plus grande (0^{m}15 de diamètre) sert à l'introduction du charbon ; elle est close pendant le travail. On introduit rapidement le charbon au moyen d'un entonnoir à large douille.

En vingt-quatre heures on charge trois fois les quatre cylindres de charbon de bois et on laisse réchauffer l'appareil pendant une heure un quart après chaque charge. Une fois l'opération en marche, on introduit toutes les trois minutes deux cartouches renfermant chacune 156 à 157 grammes de soufre grossièrement pulvérisé. On traite donc par four, en vingt-quatre heures, 500 kilogrammes de soufre.

Le foyer des fours est en avant-corps : la flamme lèche d'abord les fonds des cylindres supportés par des tasseaux de briques, puis elle circule autour des cylindres pour se rendre à la cheminée. Les cylindres ou cornues durent en moyenne deux mois.

Le réfrigérant consiste en dix-huit vases plats en

tôle ou en zinc de 0m66 de diamètre. Chacun de ces vases communique avec le précédent et le suivant par

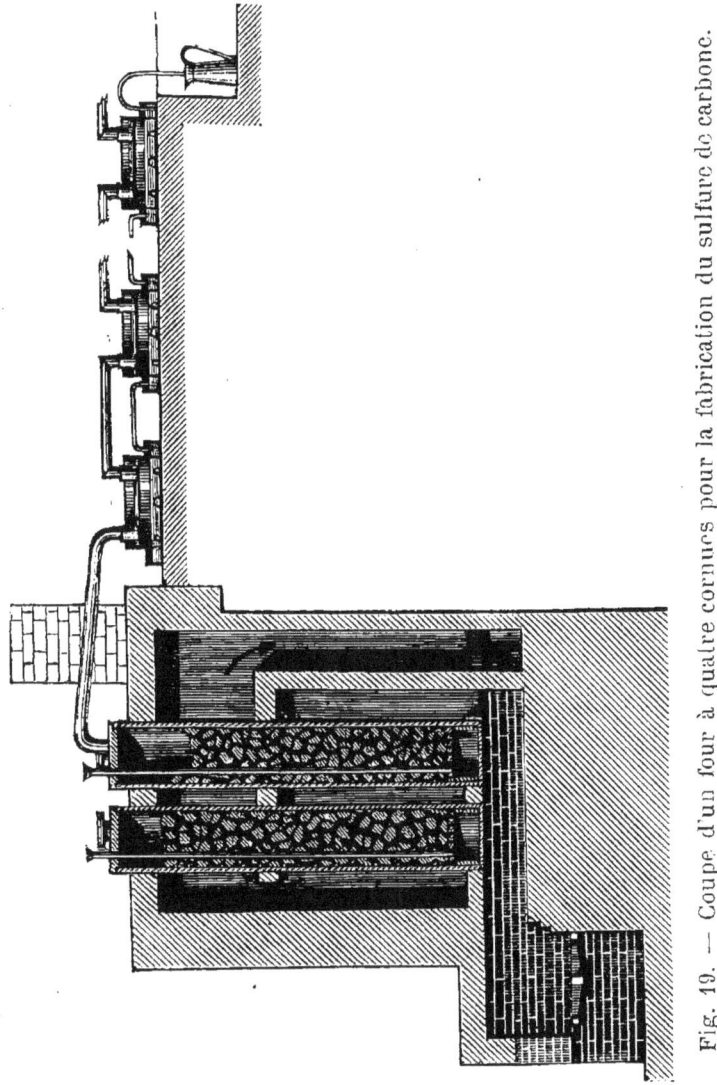

Fig. 19. — Coupe d'un four à quatre cornues pour la fabrication du sulfure de carbone.

des tubes recourbés. Les parois latérales s'élèvent à 0m10 en dessus du couvercle, de façon à former un petit bassin dans lequel coule de l'eau destinée au refroidissement. La partie inférieure de chaque vase, ouverte et à bords échancrés, plonge dans une cuvette plus large contenant de l'eau de façon à faire joint et à s'opposer à l'évaporation du sulfure de carbone. Les douze premiers vases sont rangés en batterie de quatre. On siphonne de temps en temps le sulfure de carbonne condensé, et tous les huit jours, on enlève le soufre volatilisé et réuni dans les quatre premiers vases.

A la sortie du condenseur, les gaz et vapeurs non condensés passent dans des épurateurs semblables aux épurateurs à gaz, où de la chaux pulvérulente absorbe l'acide sulfhydrique : de là ils se rendent dans une cheminée de l'usine.

Le sulfure de carbone est recueilli dans de grands bassins garnis intérieurement d'une tôle de plomb et sous une couche d'eau d'une dizaine de centimètres pour empêcher son évaporation.

Rectification du sulfure de carbone. — Le sulfure ainsi fabriqué, en distillant, a entraîné et dissous des vapeurs de soufre dans des proportions qui varient de 7 à 15 %. La rectification a pour but d'enlever cet excès de soufre, qui encrasserait très rapidement les pals, et d'obtenir le sulfure propre au traitement des vignes ou destiné aux usages industriels.

On le rectifie en le distillant dans une sorte d'alambic chauffé par la vapeur. Le sulfure distille tandis que le soufre reste au fond.

A l'aide de pompes spéciales, le sulfure de carbone est conduit dans l'appareil représenté ci-dessous.

La chaudière distillatoire est à fond plat en tôle galvanisée. Elle a 3^m50 de long, sur 1^m65 de large et 0^m40 de profondeur aux bords. Elle contient 3,000 kilogrammes de sulfure brut. Le chauffage est effectué par deux tubes circulant au fond et branchés sur un tuyau de vapeur; la vapeur condensée retourne aux générateurs. La chaleur latente de vaporisation du sulfure de carbone n'étant que de 96°9 il est bon de couvrir de cendres le couvercle de la chaudière afin de s'opposer à la facile condensation des vapeurs. Lorsque le sulfure de carbone est distillé, on injecte la vapeur par deux tubes percés de trous qui portent la chaudière à 100°, de façon à évaporer les dernières traces de sulfure de carbone. Un homme peut alors s'introduire dans la chaudière et enlever les matières dissoutes restant après l'évaporation.

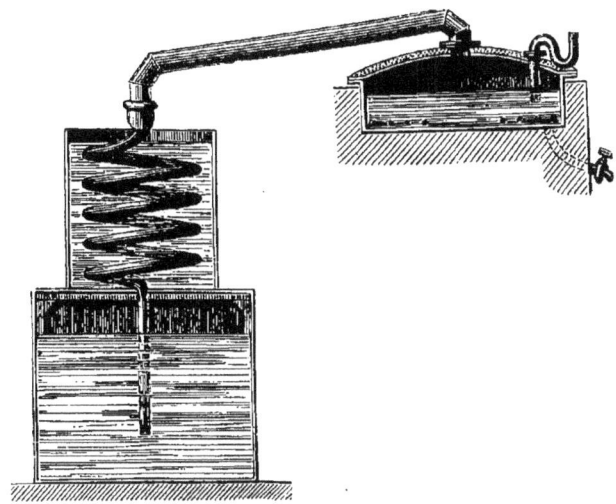

Fig. 20. — Alambic pour la distillation du sulfure de carbone.

Les vapeurs sont dirigées par six à neuf gros tuyaux dans le même nombre de serpentins, et le sulfure de carbone condensé est reçu dans un réservoir en tôle plombée, sous une couche d'eau.

On peut compter que 100 kilogrammes de vapeur d'eau vaporisent 650 kilogrammes de sulfure de carbone.

C'est de ces grandes cuves ou réservoirs que le sulfure est alors extrait au moyen d'une pompe ou d'un siphon pour le remplissage des barils destinés à la culture.

Les préjugés. — Quelques personnes prétendent juger la qualité du sulfure de carbone à sa couleur, à son odeur; nous en avons vu qui ne jugeaient pas autrement de la valeur d'un engrais.

La couleur ne signifie pourtant absolument rien. Le sulfure de carbone, ordinairement vendu pour le traitement des vignes, est blanc et limpide; exposé à la lumière dans des bouteilles, ou bien s'il séjourne longtemps dans des barils en fer, il ne tarde pas à prendre une teinte jaune-rougeâtre. Le sulfure chimiquement pur se conduit absolument de la même façon, tandis que le sulfure contenant du soufre est coloré en jaune citron plus ou moins prononcé. Quant au trouble, il ne peut provenir que du séjour dans de vieux barils ou dans des bonbonnes malpropres. Si couleur ou trouble n'ont aucune influence sur la qualité, on doit quand même préférer un produit limpide.

L'odeur. — Il y a des gens qui s'imaginent que c'est l'odeur qui tue l'insecte et qui croient que le sulfure est d'autant meilleur qu'il est plus nauséabond. C'est justement le contraire qui est la vérité. Le sulfure *très pur* a presque une bonne odeur qui rappelle celle de l'éther ou du chloroforme, mais tout le sulfure du commerce renferme des traces d'hydrogène sulfuré (gaz des œufs pourris) qui lui donnent son odeur ordinaire. Cette odeur est d'autant plus sensible qu'il fait plus chaud et qu'il y a moins de vent. La vapeur du sulfure pique les yeux et tend à provoquer un léger larmoiement.

Détonation. Combustibilité. — On peut enflammer le meilleur sulfure sans qu'il détone. Mis dans un godet ou une assiette, il se borne à brûler. Il s'éteint même si le vase est étroit, comme une bouteille pleine, et ne donne pas assez accès à l'air. Le liquide enflammé brûle quelque temps, mais comme en brûlant il dégage de l'acide sulfureux, lequel empêche la combustion, celle-ci ne tarde pas à s'arrêter. C'est, du reste, sur cette propriété qu'est basé l'emploi du sulfure de carbone pour *éteindre* les feux de cheminée.

Le sulfure de carbone liquide prend feu mais ne fait

pas explosion ; par contre, les vapeurs de sulfure de carbone *mélangées* à l'air dans de certaines proportions peuvent faire un mélange détonant à la moindre étincelle. On obtient facilement ce résultat en mettant quelques gouttes (cinq ou six) dans une bouteille vide. Il est infiniment plus dangereux de mettre le feu à un baril vide qui a contenu du sulfure de carbone que d'enflammer un baril plein de ce liquide.

Degrés du sulfure. Évaporation. — Des vignerons s'imaginent que le sulfure de carbone étant un produit distillé, il doit y en avoir de plusieurs sortes, comme il y a de l'alcool de différents degrés, avec de la blanquette.

Il suffit de se reporter à la fabrication, pour comprendre l'absurdité d'un pareil raisonnement : la combinaison du soufre et du charbon qui forme le sulfure de carbone a lieu à une température de 1600° et sans la présence de l'eau. Bien mieux, la présence d'un peu d'humidité dans le charbon de bois employé est un obstacle sérieux à la fabrication. On sait du reste que l'eau ne se mélange pas avec le sulfure de carbone, qui est plus lourd d'un quart. Il serait plus facile de mélanger ensemble l'huile et le vinaigre que le sulfure et l'eau.

Par contre, si le pétrole, les essences, les éthers et les huiles ne coûtaient pas plus cher que le sulfure de carbone, la falsification pourrait se faire. Mais le mélange serait facile à déceler : 1° à la densité qui ne serait plus la même ; 2° à la couleur ; 3° à l'évaporation ; 4° enfin, pour les huiles, il suffirait d'humecter une feuille de papier : avec le sulfure il ne reste rien, avec le sulfure mélangé d'huile il resterait une tache huileuse. On peut être tranquille de ce côté-là, les falsificateurs n'ont pas pour habitude de falsifier l'argent en y mettant de l'or.

Le sulfure éventé. — Le sulfure en s'évaporant ne perd rien de sa qualité, la quantité diminue, mais ce qui reste est toujours du sulfure également propre à tous usages; il pourrait cependant être un peu plus chargé en soufre. En effet, si nous laissons évaporer un baril de 100 kilos de sulfure de carbone contenant 1 $^o/_{oo}$ de soufre, c'est-à-dire 100 grammes, il est évident que les 100 grammes se retrouveront dans le nier kilo qui restera à évaporer.

Sulfure épuisé. — Nous voyons par là que le préjugé du sul ure qui a servi à extraire les corps gras ou qui est épuisé n'est pas plus fondé que les autres. Moins peut-être, car dans les usines où l'on épuise les tourteaux par le sulfure de carbone, le même liquide repris par la condensation sert indéfiniment, il y a d'autant moins de raison de s'en débarrasser, que le sulfure ainsi repris par distillation est excessivement pur; nous avons vu tout à l'heure que le mélange avec les huiles suivi d'une distillation est un des meilleurs procédés de purification du sulfure de carbone.

Vérification du sulfure de carbone. — De ce que nous avons vu du sulfure de carbone et de ses propriétés, il nous sera facile d'en tirer les moyens pratiques de reconnaître le produit.

Prélèvement de l'échantillon. Y a-t-il de l'eau? — A l'arrivée en gare, il suffira de tirer un litre et de le peser : le sulfure de carbone pèsera 1,250 à 1,300 grammes. tandis que l'eau ne pèsera qu'un kilo et le pétrole 7 à 800 grammes seulement.

Le sulfure mis dans une assiette brûle en dégageant une odeur de soufre; il s'évapore facilement; un peu de graisse ou de beurre se dissout dedans; l'huile se mêle.

L'eau s'évapore bien moins vite, ne brûle pas et ne dissout pas la graisse.

Voilà pour le premier point.

Nous recommandons, pour tirer cet échantillon, de fixer le robinet à la bonde supérieure, le fût étant horizontalement placé, et le robinet ouvert, on fait alors légèrement rouler le baril. De cette façon, l'eau, s'il y en a, surnageant toujours, viendra la première et, si peu qu'il y en ait, on la verra.

On pourrait se rendre compte approximativement de la quantité d'eau contenue en inclinant le baril jusqu'à ce que le sulfure coule. Un autre moyen, également bon, consiste à plonger une baguette enduite de suif, dans le baril, par la bonde. Au bout d'une minute ou deux, on la retire. Le suif est enlevé jusqu'au niveau du sulfure de carbone.

Une petite quantité d'eau n'est pas toujours l'indice d'une fraude. Les fabriques, pour réparer leurs fûts, les échaudant à la vapeur, une partie de celle-ci se condense et cette eau de condensation peut se trouver dans le baril si l'ouvrier n'a pas pris soin de l'égouter avant de faire sa tare et de remplir; l'eau dans ce cas fait partie de la tare et n'est pas comptée comme sulfure.

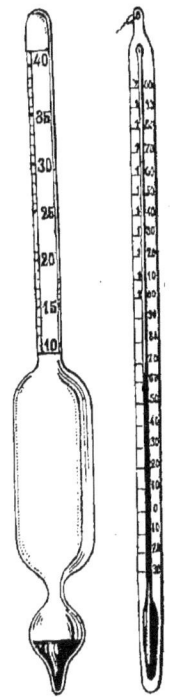

Le sulfure de carbone contient-il du soufre? — La densité du sulfure de carbone augmentant avec la proportion du soufre dissous, le pèse-acide Beaumé ou un densimètre pourrait rendre des services.

Au pèse-acide Beaumé, le sulfure marque à la température de 16°, 30°5, et augmente de quatre dixièmes de degré environ pour 1 % de soufre dissous.

Malheureusement, nous avons reconnu qu'un grand nombre des instruments du commerce sont mal gradués et qu'à cause aussi des corrections à faire suivant la température il fallait chercher un moyen plus pratique. Nous croyons malgré cela devoir donner, pour ceux qui possèdent un aréomètre ou densimètre exact, la densité du sulfure pur à diverses températures.

Fig. 22. Pèse-acide de Beaumé.
— 23. Thermomètre.

Sulfure pur à diverses températures.

Température.	Densité.	Température.	Densité.
0°	1,298	13°	1,273
1°	1,296	14°	1,271
2°	1,294	15°	1,270
3°	1,295	16°	1,268
4°	1,290	17°	1,266
5°	1,288	18°	1,264
6°	1,286	19°	1,261
7°	1,284	20°	1,259
8°	1,282	21°	1,257
9°	1,280	22°	1,255
10°	1,279	23°	1,254
11°	1,277	24°	1,252
12°	1,275		

De tous les essais, le plus pratique que nous ayons été amené à créer, consiste à prendre une forte goutte de sulfure au bout d'une baguette de verre de 0^{m}005 de grosseur environ, et la déposer sur une plaque de verre convenablement essuyée (un fragment de vitre par exemple).

Dépôt laissé par l'évaporation d'une goutte de sulfure sur une plaque en verre.

A 6 pour 100	de soufre	● ● ● ● ●
A 3 pour 100	—	● ● ● ●
A 2 pour 1000	—	· · · · ·
A 1 pour 1000	—	· · · · ·
A 1/2 pour 1000	—	· · · ·

Le sulfure ne tarde pas à s'évaporer en laissant une petite auréole qui va en diminuant de largeur et disparaît presque complètement. Au centre se forme un petit point jaune constitué par le soufre, si le sulfure en contient. Ce noyau varie de la grosseur d'une petite lentille pour du sulfure non purifié et contenant de 8 à 10 % de soufre jusqu'à 1/4 ou 1/5 de millimètre pour le sulfure n'en contenant que 1/2 ou 1/4 °°/₀₀.

Cette épreuve est suffisamment exacte pour la pratique courante, car le sulfure ordinairement employé, n'indique même pas un dépôt de soufre visible; seule la petite auréole grisâtre persiste. Quant au sulfure pur, redistillé une seconde fois, il ne laisse ni dépôt ni auréole.

Épreuve à l'eau tiède. — Une autre méthode permet également de déceler les moindres traces de soufre que peut contenir le sulfure.

Sachant que le sulfure de carbone bout à basse température (46° 5 environ), on verse une cuillerée à café du sulfure à essayer dans un demi-verre d'eau très chaude. Le sulfure, plus lourd que l'eau, gagne le fond du vase et entre immédiatement en ébullition.

En quelques secondes les bulles de vapeur ont disparu et l'on voit surnager le soufre en poussière si le sulfure est suffisamment pur, et en grumaux spongieux assez gros si le sulfure est de mauvaise qualité.

Il est prudent, pour faire cet essai, de se placer loin du feu: la production abondante des vapeurs de sulfure pouvant amener une explosion.

Essai par évaporation et pesée. — Quand le sulfure de carbone renferme une notable quantité de soufre, le moyen le plus simple d'en déterminer la proportion consiste à évaporer à l'air libre, 100 grammes de sulfure dans une assiette. Le soufre se dépose alors en cristaux transparents que l'on brasse avec une spatule pour le dessécher convenablement. Il n'y a plus alors qu'à peser le résidu pour avoir, avec exactitude, la quantité de soufre que renferme le sulfure essayé. Ce procédé est celui employé par les chimistes.

Pour des proportions inférieures à 1 %, le premier des procédés indiqués précédemment est très suffisant, puisqu'il permet de déceler, plus simplement encore que par l'aréomètre, des quantités de soufre inférieures à 1/2 °⁰/₀₀.

L'évaporation du sulfure sur une plaque de verre reste le procédé d'essai le plus rapide et le plus simple, tout en étant d'une sensibilité bien suffisante pour la pratique ordinaire.

Il arrive quelquefois que du sulfure, même de très bonne qualité, laisse un dépôt apparent rougeâtre par évaporation. Quand il a séjourné longtemps dans un fût malpropre ou dans des bonbonnes mal lavées.

Si le résidu est formé de pétrole ou de matières grasses, il est facile d'en reconnaître la nature en projetant quelques gouttes de sulfure à essayer sur une feuille de papier. Si le sulfure est pur, la tache va en diminuant et finit par disparaître.

S'il contient de l'huile ou du pétrole, la tache est huileuse et persistante.

Il est bon, pour tous ces essais, d'avoir une petite fiole de sulfure de carbone pur et qu'on emploie comme terme de comparaison en la soumettant aux mêmes épreuves.

Si, après ces essais, qui peuvent tous se faire en 5 minutes, on a le moindre doute sur la qualité, il ne reste qu'à prélever un échantillon authentique et l'adresser à un chimiste qui en fera l'analyse.

On remplit habituellement trois flacons, qu'on ficelle soigneusement en mettant le cachet des témoins et une étiquette signée par eux indiquant la prise d'échantillon. Cette étiquette doit être prise dans les cachets afin de ne pouvoir être changée.

Un des flacons est soumis au chimiste, l'autre est remis au vendeur et le troisième reste en réserve en cas de discussion pour faire une contre-analyse.

Si l'analyse seule permet de trancher définitivement la question de produit et de pureté, nous croyons que les quelques indications que nous avons données, dans ce petit travail, suffiront aux viticulteurs pour reconnaître, dans la plupart des cas, la qualité du sulfure de carbone sans le secours de la chimie.

MATÉRIEL DE SULFURAGE

Barils. — Le sulfure de carbone n'est admis à voyager sur les voies ferrées qu'en petite vitesse et dans des barils en forte tôle.

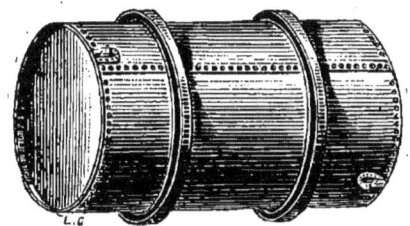

Fig. 23. Baril à sulfure.

On doit toujours déposer ces barils dans un local bien aéré, s'il se peut à quelque distance de l'habitation ; il faut surtout éviter de les laisser au soleil, car, sous l'influence de la chaleur, le sulfure se dilate, se vaporise, et la pression développée provoque la fuite du liquide.

C'est pour éviter les inconvénients de cette dilatation qu'on ne remplit jamais les barils totalement, et que, pour loger 100 kilog. de sulfure, par exemple, on emploie un baril de 85 litres, alors qu'un baril de 80 pourrait suffire.

Les petits barils de 100 kilogrammes sont les plus commodes pour le transport dans les vignes. Le modèle dit P.-L.-M., en tôle de 2 millimètres et demi à 3 millimètres, pèse vide environ 35 kilog., il est muni de deux bondes en cuivre fermées exactement par des bouchons à vis. Mais comme, plus les barils sont petits, plus ils sont coûteux, proportionnellement à leur contenance, l'usage des barils de 200 kilog. tend à se répandre parmi les propriétaires. On trouve même, dans la culture, des barils de 300, 500 et même 1,000 kilog.

Un des plus recommandables est certainement celui de 200 kilog. ; il pèse de 56 à 60 kilog. et coûte environ 32 francs, tandis que celui de 100 kilog. coûte 22 fr.

Nous recommandons aux propriétaires de ne pas prendre de barils en tôle trop mince, pesant moins de 40 kilog. et de veiller à l'étanchéité. Les barils soudés à l'étain, tout le long de la rivure, sont les meilleurs.

Les grands barils sont souvent laissés à proximité de l'habitation ; chacun des ouvriers transporte le matin et à midi, au moyen d'un bidon en zinc épais, la quantité de sulfure nécessaire pour la demi-journée, soit environ 14 kil., plus 3 kilog. dans le pal.

Le viticulteur trouve, dans l'achat des barils, un double avantage : 1° il acquiert la certitude d'avoir du sulfure à discrétion, le manque de barils étant le plus grand obstacle aux livraisons régulières ; 2° *n'étant plus dominé par la crainte de payer un magasinage en gardant les barils plus d'un mois, il choisit pour sulfurer le temps le plus favorable à l'opération.*

Avant de conduire un fût à la vigne, on doit toujours s'assurer que la rouille n'a pas saisi les bouchons dans les bondes et que ceux-là se dévissent facilement.

Après les avoir dévissés, on les graisse, et, si c'est nécessaire, on refait la garniture avec de l'étoupe. Faute de cette simple précaution, on s'expose à perdre un temps précieux, lorsqu'on est loin de la maison, à revenir chercher une clef suffisamment forte.

Quand le sulfure doit être conservé d'une saison à l'autre, il est bon de s'assurer que le fût ne coule pas et que la garniture du bouchon est en bon état. On fera bien aussi de tourner en haut la grande ligne des rivets à moins qu'il n'y ait des fuites ailleurs. En cas de fuite sur un point, on la mastiquera avec de l'argile et on tiendra cette partie aussi élevée que possible par rapport au reste du fût. Combien, faute de ce soin, ont trouvé vide un fût laissé plein.

Comme nous l'avons dit plus haut, le sulfure ne gèle pas, et s'il arrive quelques ruptures de bonbonnes pleines sous l'action du froid, c'est qu'on a recouvert le sulfure d'une couche d'eau pour éviter l'évaporation, et c'est à la congélation de l'eau qu'il faut l'attribuer.

Lorsque, pour une raison ou une autre, on ne pourra s'empêcher de laisser quelque temps des barils exposés au soleil, on devra s'empresser de les recouvrir avec des feuilles, des branchages ou des toiles mouillées.

Pour tirer le sulfure et remplir les pals, on se sert ordinairement d'un robinet en cuivre à soupape d'une forme spéciale et d'un usage facile. Ce robinet se visse sur une des bondes. Dans ces derniers temps, les vignerons préféraient, comme étant plus commode, un simple robinet en bois, qu'ils vissaient également après avoir garni d'étoupe la partie qui s'adapte au baril.

Maintenant, on fait un robinet en buis, se vissant sur la bonde et qui a l'avantage d'être bon marché et durable.

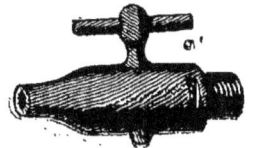

Fig. 24. — Robinet en buis.

Quelques propriétaires se servent aussi de bonbonnes en verre ou de barils en bois ayant contenu du pétrole, pour loger le sulfure. — Avec les premières, on a à craindre la casse par suite d'un choc. Nous ne pouvons recommander les seconds, malgré qu'on puisse leur donner une étanchéité temporaire, avec la gélatine : la fluidité du sulfure est telle, que la moindre fissure suffit à son passage, et ce moyen économique, ne peut être bon que lorsqu'on a la facilité de mettre ces fûts au fond d'une pièce d'eau qui empêche l'évaporation.

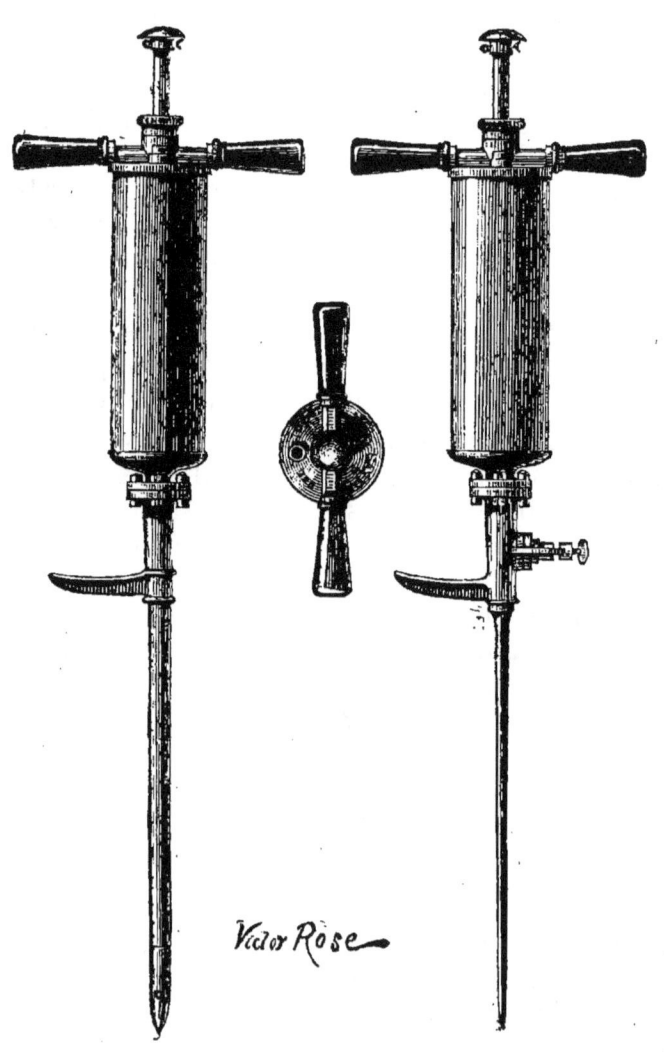

Fig. 25. Pal à clapet inférieur.   Fig. 26. Pal à clapet latéral.

PALS-INJECTEURS

Pal injecteur Gastine, **à clapet inférieur**. — *Description*. Le Pal injecteur, inventé par M. Gastine, est un appareil qui permet de distribuer, dans la couche arable, des quantités exactement mesurées de liquides insecticides.

Il a été construit dans le but de rendre pratique l'emploi du sulfure de carbone contre le phylloxera de la vigne. Il pourrait aussi bien servir à distribuer d'autres liquides toxiques.

Le pal injecteur à clapet inférieur (fig. 25) est formé, à l'extérieur, d'un récipient en zinc ou en cuivre pouvant contenir environ 3 kilogr. de sulfure, terminé par une tige de fer creux ou *pal*, munie, elle-même, inférieurement, d'une extrémité conique. En haut du récipient, deux manettes ou branches horizontales garnies de manches en bois, permettent de saisir l'appareil. Au milieu, sous le récipient, une pédale sert à l'opérateur pour appuyer le pied et augmenter l'effort exercé sur l'instrument. On peut ainsi enfoncer le pal, dans la terre, à une profondeur de 30 à 40 centimètres, suivant la nature du sol.

Le mécanisme, qui assure la distribution régulière et le dosage exact du liquide toxique, est renfermé dans l'intérieur de l'instrument. Ce mécanisme n'est autre chose qu'une pompe à compression hydraulique, d'une extrême simplicité, car elle est réduite à deux organes principaux : un piston à ressort et un clapet de retenue, également à ressort.

La tige du piston dépasse le dessus du récipient ;

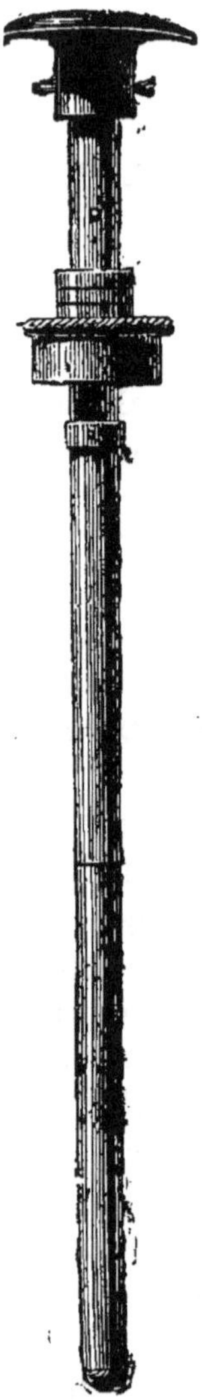

elle se termine en haut par un disque de poussée large et plat.

Le piston traverse le récipient en passant dans une colonne creuse en cuivre, qui sert d'axe résistant à tout l'appareil. C'est cette colonne qui porte les fonds supérieur et inférieur du récipient, et, c'est sur elle qu'on agit, en appuyant sur les manettes.

Autour du piston, dans l'intérieur de l'axe de l'appareil, se trouve disposé un grand ressort à boudin qui s'appuie, en bas, sur le fond étranglé du tube axe, et, d'autre part, en haut, sur une rondelle rivée à la tige du piston. L'effet de ce ressort est de maintenir automatiquement le piston en haut de sa course, lorsqu'on n'exerce aucun effort sur le bouton ou disque de poussée.

Fig. 27. — Ressort de piston.
Fig. 28. — Tige de piston.

Bouton de poussée.
Goupille.
Bagues de dosage.
Bouchon molleté.
Rondelle de buttée.

Au-dessous de l'extrémité du piston, se trouve disposée une garniture étanche en cuir (rondelle en cuir embouti). Cette garniture, appelée aussi garniture de Bramah, est maintenue au centre de la bride par 4 boulons qui relient ensemble la partie supérieure de la pédale à la partie inférieure du pal injecteur.

MATÉRIEL DE SULFURAGE

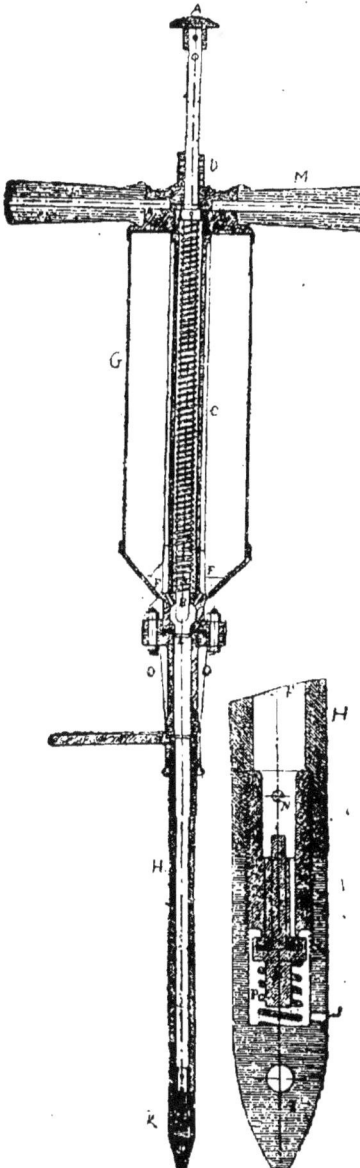

La partie supérieure est formée par les pièces que nous venons de décrire : la colonne en cuivre et ses deux fonds, le récipient, les manettes, le piston.

La partie inférieure se compose d'une pièce de cuivre, dans laquelle se trouve ménagée une chambre cylindrique pour la descente du piston ; cette pièce, terminé celle-même par le pal proprement dit, porte la pédale.

Légende de la figure.

A. Bouton de manœuvre du plongeur.
B. Plongeur en bronze ou piston.
C. Tube intérieur en bronze recevant le piston et son ressort.
D. Bague de dosage.
E. Joint et garniture de Bramah.
F. Trous pour le passage du sulfure de carbone du récipient à la chambre de dosage.
G. Récipient à sulfure de carbone.
H. Tube en fer.
I. Pointe en acier contenant le ressort.
J. Trou pour la sortie du liquide projeté par le piston.
K. Clapet de pied.
M. Manettes.
O. Cylindre à pédale dans lequel vient s'engager le tube en fer.
P. Ressort du clapet de pied.

Fig. 29. Coupe verticale du pal Gastine.
Fig. 30. Pointe du pal Gastine, à clapet inférieur.

A l'extrémité inférieure du pal, dans la pièce d'acier constituant le cône de pénétration, se trouve insérée une soupape de retenue. Cette soupape est pressée de bas en haut par l'action d'un ressort à boudin, elle s'applique exactement sur l'extrémité du tube formant siège, de sorte qu'elle ne peut s'ouvrir, pour donner passage au liquide, que sous l'effet d'une compression hydraulique exercée de haut en bas.

La soupape est recouverte et protégée de tout contact étranger par le cône d'acier qui se visse à l'extrémité du pal.

Une ouverture très étroite (trou capillaire) est percée latéralement, dans la paroi de ce cône, pour le passage du liquide : c'est l'orifice d'injection.

L'examen de la gravure qui précède et la lecture de la légende qui l'accompagne, nous dispensent d'une plus longue description.

La figure 30 représente en détail la chambre de dosage, la garniture de Bramah, et l'extrémité du piston plongeur.

Fonctionnement du Pal injecteur. — Le fonctionnement de l'appareil est extrêmement simple :

Le pal étant enfoncé dans le sol par l'action que l'ouvrier exerce à la fois sur les manettes et sur la pédale, l'injection du sulfure de carbone est obtenue par un seul mouvement.

Il suffit de pousser, avec la paume de la main, le bouton plat qui termine la tige du piston au-dessus du récipient.

Le piston s'abaisse rapidement dans la chambre de dosage en traversant au préalable le cuir embouti. A partir de l'instant où il a dépassé le cuir, il comprime le liquide, qui remplit la chambre et le tube du pal jusqu'à la soupape. Cette dernière, sous l'effet de la poussée qu'elle reçoit, en vertu de la propriété que possèdent les liquides d'être incompressibles, laisse passer une quantité de liquide exactement égale à celle que représente le volume engendré par la descente du piston.

Le liquide, ainsi refoulé au-dessous de la soupape,

s'échappe avec force par l'orifice d'injection ménagé dans l'épaisseur du cône.

Dès que le piston est arrivé au bas de sa course, l'injection cesse. La soupape se referme hermétiquement et automatiquement sous l'effet du ressort qui la maintient appliquée contre son siège. Le piston, abandonné à lui-même, remonte en haut de sa course. Le liquide se précipite dans l'espace vide qu'il a laissé derrière lui, et l'appareil se trouve prêt pour une nouvelle injection.

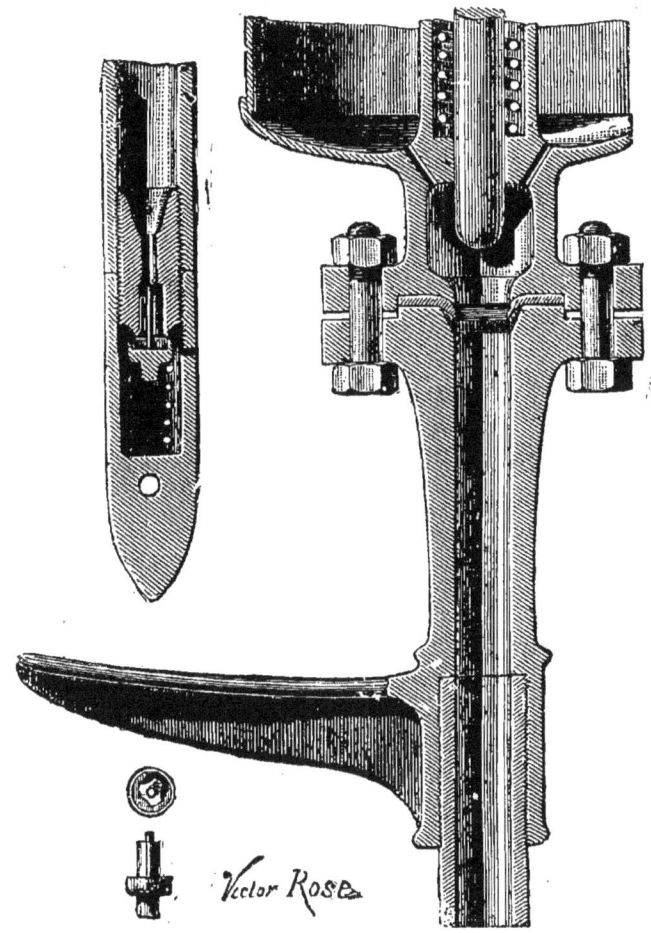

Fig. 31. Chambre de dosage du pal injecteur à clapet inférieur.

Ces différentes phases du fonctionnement sont instantanées. Les ressorts employés pour actionner le piston et la soupape de retenue rendent l'amorçage certain et complètement automatique.

Grâce à la disposition mécanique réalisée par l'emploi d'une soupape de retenue, que protège un cône fixe muni d'un très petit orifice pour la sortie du liquide, l'injection s'effectue avec toute certitude. Il ne peut jamais se produire d'engorgement. L'orifice de sortie ne peut pas s'oblitérer. Le liquide toxique est injecté au fond du trou percé par le pal et cela en quantité toujours exactement dosée, quels que soient la résistance du terrain et son état de tassement.

Dosage du pal. — La quantité de liquide chassée par l'orifice d'injection à chaque coup de piston, dépend de la longueur de course qu'on donne à ce dernier organe. En diminuant la descente du piston, on réduit la dose.

Fig. 32. — Bagues de dosages en cuivre.

On obtient bien facilement ce résultat en enfilant sur la tige du piston, au-dessous du bouton de poussée, des rondelles ou bagues de cuivre d'une hauteur appropriée.

Sans aucune rondelle, l'instrument, tel qu'il est construit pour l'emploi du sulfure de carbone, débite 10 grammes de ce produit, par coup de piston. La hauteur des rondelles ou bagues de dosage est calculée pour que chacune d'elle représente un gramme.

En enfilant une rondelle sur la tige du piston, on diminue donc la dose totale d'un gramme et chaque coup de piston ne donne plus que 9 grammes.

On pourrait également employer des demi-rondelles diminuant l'injection d'un demi-gramme.

```
    Sans rondelle on injecte..................  10 grammes
Avec  1    —    —    ........................   9    —
      2    —    —    ........................   8    —
      3    —    —    ........................   7    —
      4    —    —    ........................   6    —
      5    —    —    ........................   5    —
```

Il est donc facile à l'opérateur de fixer le débit de l'instrument à la dose convenable suivant la nature du traitement à opérer.

Pal Injecteur Gastine, à clapet latéral. — Comme on le voit, à l'inspection de la gravure, ce pal diffère

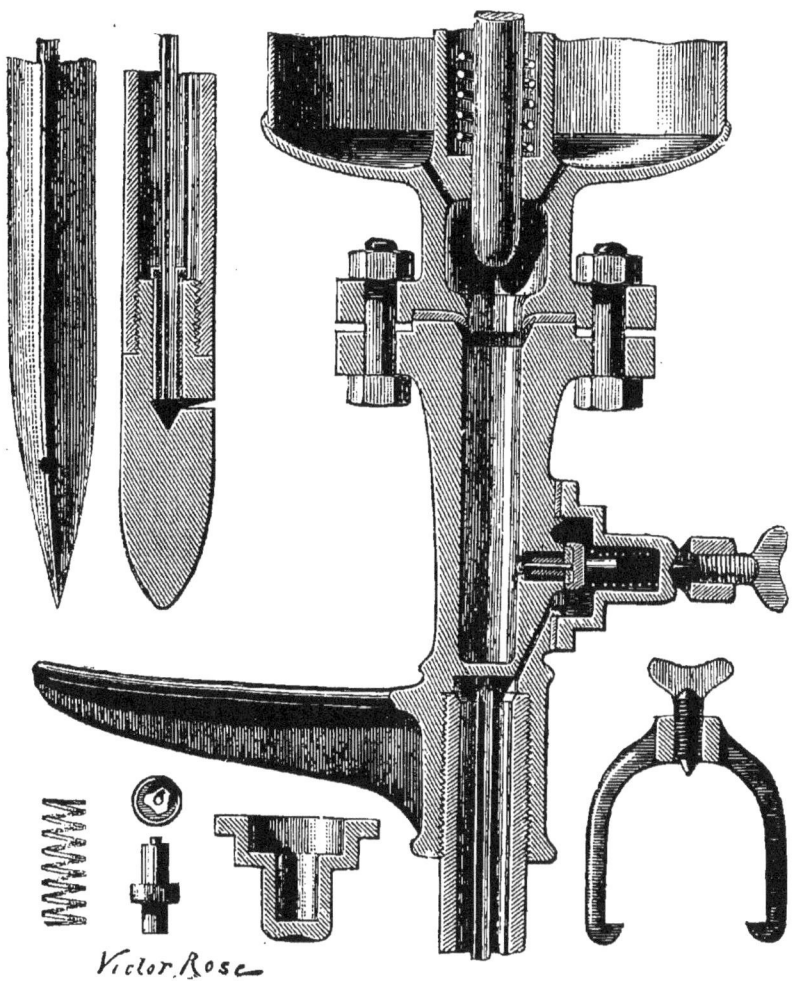

Fig. 33. Chambre de dosage du pal injecteur à clapet latéral.

de celui que nous avons décrit, par la position de la soupape. Celle-ci, au lieu d'être renfermée dans le cône, à l'extrémité inférieure du pal, se trouve disposée sur la pièce de bronze formant pédale et recouverte par un chapeau à vis.

Cette modification permet de démonter très facilement le clapet. Elle a l'avantage de rendre l'usure du pal moins rapide, car le cône terminal, au lieu d'être creux, est massif, ce qui permet d'augmenter la durée de son service.

Quant au fonctionnement de cet appareil, il est identiquement le même que celui du pal à clapet inférieur. Un petit tube capillaire fixé au cône d'acier, laisse passer le sulfure de carbone de la soupape au trou d'injection. On ne dévisse le cône que dans le cas fort rare où ce tube s'est bouché; il suffit alors d'y passer un fil de fer.

Pour éviter que les impuretés du sulfure ne viennent boucher le tube capillaire, on fera bien de remplir le pal à clapet latéral au moyen d'un entonnoir-filtre. C'est un entonnoir dont la tubulure inférieure porte une petite grille, ou une poche en flanelle. On évite aussi, par cette filtration, utile pour tous les pals, la plupart des cas de coulage du clapet.

Outre les deux pals, pour ainsi dire classiques que nous venons de décrire, il existe un certain nombre d'instruments, reposant sur le même principe, où les deux organes principaux : pompe et soupape de retenue, ont été l'objet de modifications plus ou moins importantes ayant pour but d'assurer au pal soit un dosage plus constant, soit le remplacement plus rapide de la rondelle Bramah, soit d'éviter le coulage ou d'augmenter la durée du ressort.

Parmi ces injecteurs, nous nous bornerons à signaler un de ceux qui s'écartent le plus du type primitif et qui a été imaginé par un de nous.

A première vue, dans le pal Select, dont nous donnons ci-devant le dessin, on voit que les deux brides et les 4 boulons du pal Gastine n'existent plus. C'est que la rondelle Bramah est supprimée.

MATÉRIEL DE SULFURAGE 43

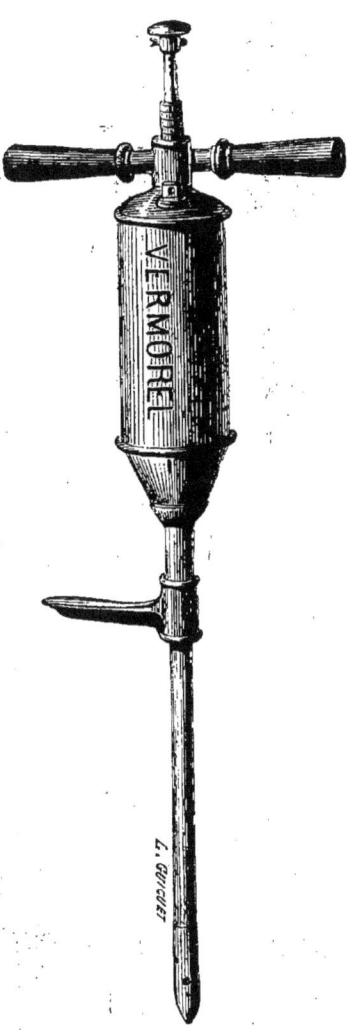

Fig. 34. — Pal Select.

Le piston porte à son extrémité inférieure une petite rondelle emboutie et des petites rainures qui ont pour but de retarder le passage du liquide et de maintenir l'exactitude du joint, en attendant le remplacement de la petite rondelle.

Cette petite rondelle, coulissant dans une partie bien cylindrique, n'est pas susceptible d'usure rapide, comme les rondelles Bramah qui reçoivent le choc du piston, elle se change du reste très facilement.

Le clapet du pal Gastine est remplacé par un obturateur à ressort démontable intérieur et à compensation. L'avantage de cette disposition est de permettre d'employer un très long ressort qui se fatigue moins et qu'on peut faire tendre en serrant deux écrous, D. E. (fig. 37).

En se reportant à la légende, qui accompagne la coupe du pal complet, nos lecteurs comprendront facilement le mécanisme et le fonctionnement.

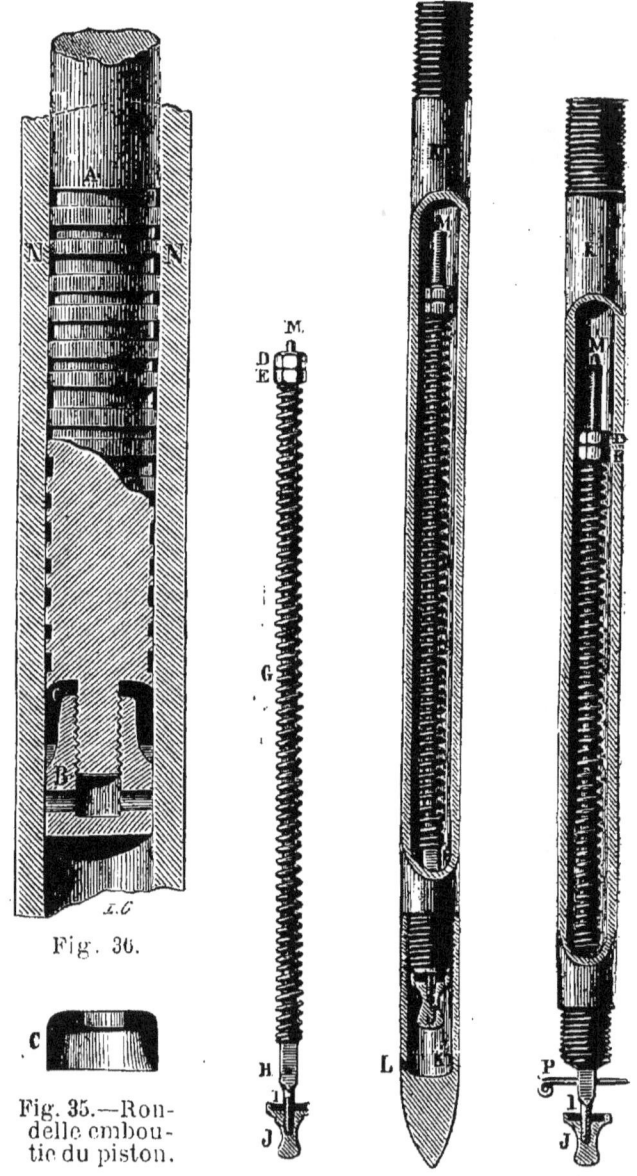

Fig. 35.—Rondelle emboutie du piston.

Fig. 36.

Fig. 37.   Fig. 38.   Fig. 39.

Fig. 36. — Tige de piston et chambre de dosage du pal Select. — Fig. 37. — Obturateur à ressort démontable et à compensation. — Fig. 38. — Tube ouvert pour montrer l'ensemble du clapet. — Fig. 39.— Epinglette, placée dans la tige de l'obturateur, pour changer le cuir.

MATÉRIEL DE SULFURAGE 45

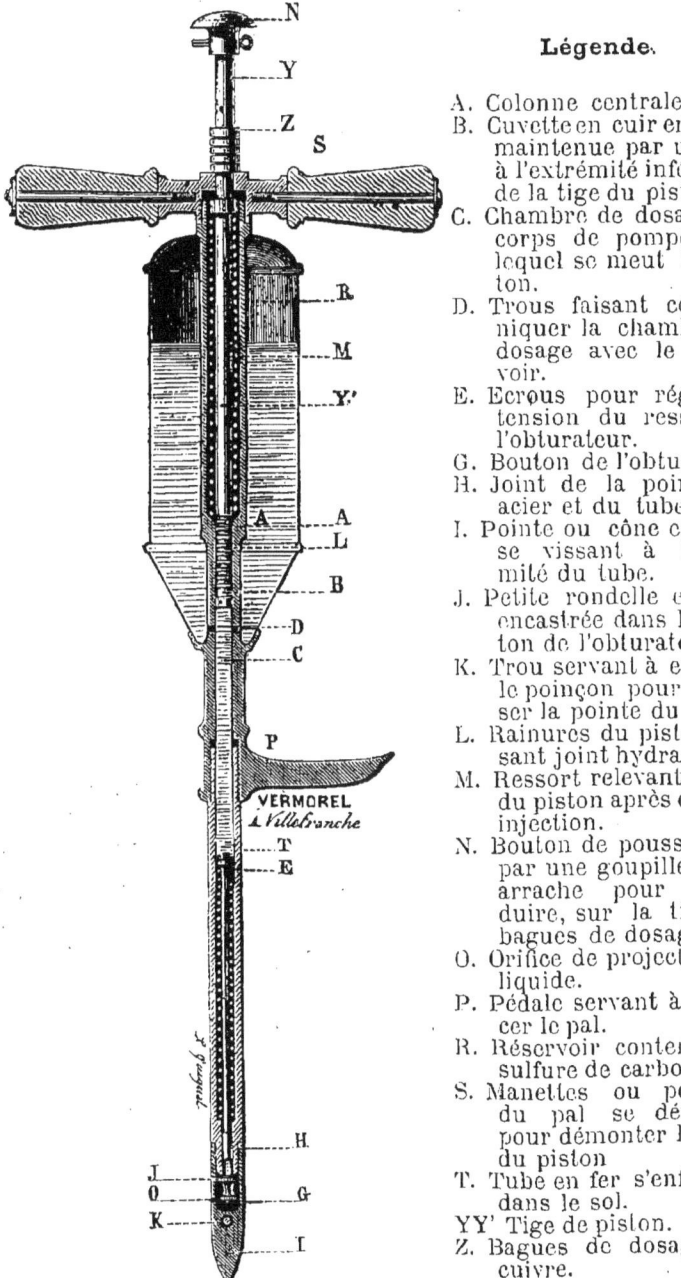

Fig. 40. — Pal injecteur Select.

Légende.

A. Colonne centrale.
B. Cuvette en cuir embouti maintenue par une vis à l'extrémité inférieure de la tige du piston.
C. Chambre de dosage ou corps de pompe dans lequel se meut le piston.
D. Trous faisant communiquer la chambre de dosage avec le réservoir.
E. Ecrous pour régler la tension du ressort de l'obturateur.
G. Bouton de l'obturateur.
H. Joint de la pointe en acier et du tube.
I. Pointe ou cône en acier se vissant à l'extrémité du tube.
J. Petite rondelle en cuir encastrée dans le bouton de l'obturateur.
K. Trou servant à engager le poinçon pour dévisser la pointe du pal.
L. Rainures du piston faisant joint hydraulique.
M. Ressort relevant la tige du piston après chaque injection.
N. Bouton de poussée, fixé par une goupille qu'on arrache pour introduire, sur la tige, les bagues de dosage.
O. Orifice de projection du liquide.
P. Pédale servant à enfoncer le pal.
R. Réservoir contenant le sulfure de carbone.
S. Manettes ou poignées du pal se dévissant pour démonter la tige du piston
T. Tube en fer s'enfonçant dans le sol.
YY' Tige de piston.
Z. Bagues de dosage en cuivre.

Entretien des pals. — Après chaque journée de travail, il convient de laver le pal et de le rincer à plusieurs eaux en donnant quelques coups de pistons, pendant qu'il est plein, pour enlever toute trace de sulfure. Après quoi, on le laisse rempli d'eau pour la nuit.

Le matin, lorsqu'on veut se servir de l'appareil, on vide complètement l'eau qui peut y être restée et, avant de le remplir de sulfure de carbone, on enduit le piston, à défaut de glycérine, d'un peu de savon vert, mou, (savon de potasse), pour faciliter le jeux de cet organe. Il importe de n'employer que du savon neutre, ou de la glycérine. Toutes les huiles et graisses sont détruites par le sulfure, et pour cette raison, ne peuvent être employées.

Après avoir ainsi enduit le piston, il est bon de dévisser le cône pour visiter la soupape inférieure ou clapet, et de s'assurer que le petit cuir qui forme joint sur le siège du tube est parfaitement propre, c'est-à-dire qu'il ne contient incrustée aucune parcelle métallique, aucun grain de sable capable de nuire à la bonne fermeture des trous.

Pour effectuer cette visite quotidienne des principaux organes du pal, il faut seulement démonter le piston et le cône.

A la fin des traitements, il est bon de démontrer toutes les pièces, de les bien nettoyer et de les graisser.

Vérification du bon fonctionnement des Pals Injecteurs. — L'instrument étant rempli d'eau, on donne quelques coups de piston pour amorcer la pompe. Lorsque le liquide jaillit avec force par le trou capillaire, on s'efforce de boucher ce trou avec le pouce de la main gauche, pendant que la main droite fait pression sur la tige du piston.

Si le cuir du piston est en bon état et si l'appareil fonctionne bien, quel que soit l'effort exercé pour empêcher la sortie du liquide, le doigt sera repoussé et l'injection se produira quand même.

On reconnaît encore que le pal ne donne pas la dose pour laquelle il est réglé, lorsque, en enfonçant lentement le piston, il sort moins de liquide que lorsqu'on l'enfonce vivement.

Pour rendre la vérification des pals plus facile, M. Vermorel a inventé un petit appareil auquel il a donné le nom de *sulfocarbomètre*.

Cet instrument n'est rien autre qu'une éprouvette en fer munie, sur le côté, d'un tube de niveau. Ce tube, qui indique la hauteur du liquide dans l'éprouvette, correspond à une échelle graduée qui donne le poids du sulfure.

Pour se servir de cet appareil, le pal étant rempli d'eau ou de sulfure et bien amorcé, on donne dix coups de piston dans l'éprouvette.

Il suffit, le pal étant retiré, de lire le chiffre correspondant au niveau du liquide. Ce chiffre indique le dosage en grammes avec une grande précision.

Ordinairement on se sert de l'eau pour cette vérification, mais on peut tout aussi bien la faire, dans la vigne, avec le sulfure de carbone, il faut seulement aller plus vite, à cause de l'évaporation.

Démontage des pals.— *Pal Gastine, à clapet inférieur*. — Le démontage du piston est des plus faciles. On dévisse, suivant le modèle, soit les manettes, soit le bouchon molleté qui se trouve sur le dessus du pal, et le piston peut être retiré tout entier avec le grand ressort qui l'actionne. Rien n'est plus aisé que d'enduire, alors, son extrémité, d'un des corps lubrifiants dont nous avons parlé plus haut.

En dévissant le cône, à l'aide de la broche renfermée dans la boîte d'accessoires, la soupape peut être visitée. On doit s'assurer si elle joue facilement et changer au besoin le petit cuir en prenant soin de bien le faire entrer dans la partie creuse de la soupape dont, au préalable, on retire la partie triangulaire. On remet ensuite le triangle par-dessus le cuir, puis on replace la soupape sur son siège en l'y appliquant fortement, de façon à bien former l'empreinte du siège sur le cuir.

Fig. 41. — Clapet avec son triangle.

Un dernier démontage est quelquefois nécessaire lorsque l'appareil est resté longtemps en service ; c'est le remplacement du cuir embouti de Bramah.

Fig. 42. — Rondelle de Bramah.

Pour cela, il suffit de dévisser les quatre boulons du joint à brides réunissant les deux parties de l'appareil : le réservoir et la pédale. On sort le cuir usé ou desséché et on le remplace par un cuir souple pris dans la boîte d'accessoires. On doit veiller à ce que ce cuir entre bien exactement dans l'*espace creux* circulaire ménagé pour le contenir dans la bride supérieure attenante au récipient. La rondelle étant intentionnellement d'un diamètre légèrement plus grand que l'espace creux, il faut se garder de la rogner. Elle entre facilement en la faisant bomber un peu, ce qui facilite la formation de l'embouti. Puis on remet les boulons en pratiquant un serrage régulier et progressif sur chacun d'eux tour à tour. Sans cette précaution, le joint pourrait être imparfait et l'on s'exposerait à casser les boulons ou à les tordre.

Fig. 43. — Clef pour le démontage des boulons.

Pal Gastine, à clapet latéral. — Ce que nous venons de dire, pour le pal à clapet inférieur, s'applique au pal à clapet latéral, à cette différence près, que, dans celui-ci, la pointe ne se démonte pas et que le clapet s'enlève par le dévissage d'une bride à vis centrale.

Pal Sélect. — Dans le pal Sélect, le piston se démonte en dévissant les manettes pendant qu'on tient la pédale en respect. Si la rondelle du piston est usée, on la remplace en dévissant la vis B (fig. 36, page 44) qui la tient, au moyen d'un petit poinçon.

Il faut avoir soin de bien serrer cette vis après avoir placé la rondelle neuve.

Pour changer la rondelle de l'obturateur, après avoir dévissé la pointe au moyen d'un poinçon, on tire le bouton obturateur J (fig. 39, page 44) jusqu'à ce que le trou H (fig. 37, page 44) soit découvert. On enfile dans ce trou une épinglette P (fig. 39) qui empêche la tige de clapet de s'échapper à l'intérieur.

On peut alors dévisser l'obturateur pour changer ou en nettoyer le cuir I, *en ayant soin de n'enlever l'épinglette qu'après avoir remis en place ledit obturateur ;* sans cela, la tige s'échapperait à l'intérieur et on serait obligé de la repousser, par en haut, avec une baguette pour pouvoir visser l'obturateur.

Pour démonter la tige du clapet et le ressort, qui sont placés dans l'intérieur du tube en fer, on dévisse l'obturateur et on les fait sortir par le haut de la colonne en renversant le pal.

Pour remettre ces pièces en place, on les introduit par le haut de la colonne et on repousse, avec une baguette en bois ou en fer, la tige de clapet de façon à lui faire dépasser la partie inférieure du tube et pouvoir visser l'obturateur.

Si après plusieurs années de service le ressort de clapet s'était affaibli, on lui rendrait toute sa force en serrant les écrous D E.

Pals divers. — Ceux de nos lecteurs qui ont suivi les explications que nous avons données, sur les pals Gastine et Sélect, ne seront pas du tout embarrassés pour démonter et entretenir tous les pals divers, qui s'en rapprochent plus ou moins. Nous dirons toutefois que, dans le pal Boiteau, un des plus répandus, la rondelle de Bramah est placée à l'extrémité d'un tube intérieur et qu'il faut dévisser les manettes et arracher ce tube pour changer cette rondelle. Dans ce même pal, le ressort du clapet est placé à l'intérieur, on le sort pour le nettoyer en dessoudant le tube, mais la pression se règle en tournant le clapet.

On comprendra facilement que les pals sont trop nombreux pour pousser plus loin cette description, et que nous nous en tenions aux plus importants.

Entretien et petites réparations des pals Gastine. — Si l'on a bien suivi ce que nous venons de dire sur le pal et son fonctionnement, on comprendra que chaque fois qu'un pal *ne dose pas*, on doit l'attribuer à la rondelle de Bramah, qui laisse passer le sulfure entre le piston et le cuir au lieu de le refouler vers la partie inférieure. Il faut donc remplacer cette rondelle en cuir, ce qui est facile à faire en enlevant les quatre boulons du joint.

Si le pal coulait vers ce joint, c'est qu'on n'aurait pas suffisamment serré les boulons. Il arrive souvent, après le changement de la grande rondelle, que le piston remonte avec peine. Ce fait a peu d'importance, on y remédie en lubrifiant le piston et, si l'inconvénient n'avait pas disparu après quelques heures de travail, on pourrait étirer avec la main le grand ressort en laiton, pour lui rendre un peu d'élasticité.

Toutes les fois qu'un pal *coule par le bas*, et laisse échapper le sulfure, sans qu'on fasse pression, on doit s'en prendre au clapet de pied.

Comme les causes peuvent être multiples, il faut d'abord dévisser la pointe en acier, vérifier le siège du

MATÉRIEL DE SULFURAGE

clapet, s'assurer que le clapet joue bien et que le coulage n'est pas dû à un gravier ou à quelque impureté du sulfure qui, s'étant glissée entre le siège et le clapet, l'empêche de faire joint.

On enlève le clapet et on nettoie bien le cuir (et le triangle, s'il y a lieu), avant de les remettre en place. Si le cuir est brûlé ou raccorni, il faut remplacer la rondelle.

Toutes les rondelles en cuir, avant d'être mises en place, doivent avoir été préalablement trempées dans la glycérine.

Quelquefois, le petit ressort en acier, qui est dans le cône, est cassé, on le remplace par un autre *de même longueur*. Un plus long rendrait pénible l'injection, ou même pourrait empêcher le clapet de se soulever sous la pression ; un trop court laisserait couler le pal.

Lorsqu'une fuite vient à se produire dans un pal, un bidon, ou tout autre récipient à sulfure, il faut, après l'avoir préalablement vidé, bien le laver et le laisser sécher avant de le souder.

Lorsqu'il s'agit d'un baril, ces précautions ne

Fig. 44.
Ressort de clapet.

sont pas suffisantes, il faut ou le remplir d'eau avant de commencer la soudure, ou mieux encore, faire passer dans ce baril, pendant cinq minutes, et jusqu'à ce qu'il soit bien chaud un jet de vapeur qui emporte les dernières traces de sulfure. Un bon lavage à l'eau chaude peut y suppléer.

Pour ce qui est des grosses réparations des pals ou appareils, le mieux est de les confier à un constructeur si on est dans l'impossibilité de les exécuter avec les pièces de rechange.

INJECTEURS A TRACTION.

Bien que le pal donne d'excellents résultats comme régularité de dosage et de fonctionnement, on a cherché à lui substituer, dès que l'efficacité des traitements au sulfure a été démontrée, des appareils qui permissent, pour l'exécution des traitements, de remplacer le travail de l'homme par celui des animaux et d'opérer plus rapidement et plus économiquement.

Fig. 45. — Injecteur à traction Vermorel, le couteau hors de terre, les mancherons en haut.

De nombreux chercheurs se sont mis à l'œuvre ; plusieurs de ces appareils fonctionnent déjà d'une façon satisfaisante. Sous peu, — nous l'espérons, — leur emploi sera tout indiqué pour les cultures où l'espacement est suffisant pour le passage d'un cheval ou d'une vache, et qui sont disposées pour le travail à la charrue.

Malheureusement, pour les coteaux, on ne pourra pas employer ce système économique, on devra s'en tenir au pal.

Les systèmes d'injecteurs à traction ou charrues sulfureuses sont nombreux.

Fig. 46. — Charrue sulfureuse Lugan.

Comme on peut le voir à l'inspection des gravures que nous donnons de ces instruments, ils reposent presque tous sur un même principe. Un rouleau en tournant actionne une pompe qui projette le liquide au bout d'un soc.

On a fait, ces derniers temps, des instruments à simple écoulement ou déversoir; il est presque inutile de faire remarquer le peu de garanties de dosage et de pénétration du liquide qu'on doit attendre de ces instruments.

Le défaut principal de toutes les charrues sulfureuses est le dépôt trop superficiel du sulfure de carbone. Si on enfonce le coutre au-delà de 10 à 15 centimètres, le tirage devient très pénible sinon impossible dans certains sols, de plus, beaucoup de racines sont coupées. D'autre part, on n'obtient qu'une action insecticide presque nulle en déposant le sulfure à moins de 18 à 20 centimètres de profondeur.

Nous ne croyons donc pas devoir entrer dans de grands détails sur ces instruments, nous nous contentons de représenter par la gravure quelques-uns d'entr'eux et de décrire un des plus connus.

L'appareil de M. Gastine, comme on peut le voir par la fig. 47 qui le représente, est une sorte de charrue vigneronne dont le versoir est supprimé et remplacé par un coutre H.

Le rouleau R, en tournant, actionne, au moyen d'une excentrique, une pompe G, qui prend le sulfure dans le réservoir E et le refoule, en quantité mathématiquement réglée, dans un tuyau qui descend derrière le coutre et vient déboucher au point R. Le rouleau R sert encore à fermer automatiquement la fente faite par le coutre, la pompe fonctionne avec une rapidité qui dépend de l'allure de la bête, mais qui est toujours proportionnée au chemin parcouru. Un mécanisme ingénieux permet de régler la distribution de 10 à 40 grammes par mètre de fente tracée, la profondeur peut varier également de 15 à 30 centimètres.

Un cheval, un mulet, un bœuf ou même une vache suffit pour actionner l'appareil, qui distribue le liquide d'une manière uniforme. Suivant les conditions et les dispositions du terrain, on peut traiter de 1 à 1 hectare 1/2 par jour.

Fig. 47. — Injecteur à traction Gastine, le couteau en terre, les mancherons dressés.

Dans la charrue sulfureuse Vermorel, la pompe est à piston circulaire alternatif, commandée par une bielle. Celle de M. Lugan James de Lugan est à piston alternatif: la commande se fait par une chaîne.

Des appareils analogues ont été inventés par MM. Boiteau, vétérinaire à Villegouge, Gutmacher, Dugour, Saturnin, etc., tous ont pour but de réduire le temps nécessaire au sulfurage.

Ce que nous pouvons dire, c'est que les essais tentés avec les sulfureuses n'ont pas tous réussi, tant s'en faut. Nous ne pouvons qu'engager les propriétaires à essayer sur de petites parcelles, plusieurs années consécutives, avant d'étendre l'expérience à tout leur vignoble.

LES TRAITEMENTS

Dès que par la présence des taches, des nodosités ou de l'insecte on s'est convaincu de l'existence d'un foyer phylloxérique dans une vigne, *il faut la traiter sans retard.*

Un viticulteur d'un rare mérite dit même que, dans le Midi, où le phylloxera se multiplie plus rapidement que dans nos régions, on doit commencer à traiter avant, alors que le phylloxera est encore à quelques kilomètres. Voyons ensemble la raison.

Nous avons expliqué tout à l'heure que, lorsqu'une tache apparaissait, le phylloxera occupait les racines depuis trois ans ou plus, — suivant la profondeur et la richesse du sol.

Pendant ce temps, il n'est point resté inactif : les pondeuses ont produit de nombreux ailés, — qui se sont répandus de toutes parts, — créant de nouvelles colonies (visibles seulement plus tard); ces colonies, à leur tour, en ont créé d'autres, qui, bien que non apparentes, existent et dévastent.

C'est ce qui explique pourquoi la première tache paraît souvent rester quelquefois deux, trois et quatre ans stationnaire, puis se développe tout d'un coup, et les taches se montrent si nombreuses, qu'il est trop tard pour y porter remède.

C'est aussi la raison de l'inefficacité d'un traitement restreint aux taches.

Dès l'apparition des premiers signes de la maladie, il faut se persuader que toute la vigne est envahie ; *que le mal soit apparent ou non, il faut la traiter en entier*, pour éteindre, comme l'a dit M. Jaussan, l'éminent viticulteur auquel nous faisions allusion tout à l'heure, non seulement l'incendie visible, mais encore toutes les étincelles disséminées qui couvent sous la cendre et sont destinées à le propager.

Il faut traiter, *tous les ans*, sans interruption, et sans s'inquiéter des souches disparues ou arrachées ; il faut dépasser même, si la chose est possible, les bornes du vignoble.

Traiter tôt : tout est là. Il est plus facile de prévenir la maladie que de la guérir. En traitant tôt, les vignes restent toujours en rapport, et on n'a pas besoin de recourir à des fumures extraordinaires pour les ramener à l'ancien état.

Conditions de réussite. — Époques du traitement. — On est d'autant plus sûr de mener à bien le traitement, qu'on n'a pas attendu que les taches soient multiples.

Les terrains perméables, profonds et bien secs sont les plus favorables : l'humidité est le plus grand obstacle à la réussite. Il faut, nous le répétons encore, traiter toute la vigne et non pas seulement les taches.

Les traitements doivent être effectués tous les ans sans interruption, d'ordinaire en octobre et novembre ou, mieux encore, pour le Beaujolais, au printemps, pendant les mois de février, mars et avril. Nous donnons la préférence à cette dernière époque parce que, souvent à l'automne, les pontes ne sont pas terminées et que les œufs, qui sont plus réfractaires que les insectes à l'action du sulfure de carbone, résistent, peuvent éclore et reconstituer une légion d'insectes qui, sous forme d'hibernants, passent l'hiver et sont prêts à détruire les premières radicelles qui se formeront au printemps, causant ainsi aux souches un mal considérable.

Enfin, et cet argument a bien sa valeur, parce que ces traitements nous paraissent avoir mieux réussi que ceux d'automne.

On fera bien au surplus d'exécuter, seulement en mars ou avril, voire mai, le traitement des vignes basses, exposées aux gelées de printemps ; ce traitement tardif a pour effet de retarder un peu le départ de la végétation et de sauver parfois la récolte.

Dans le Sud-Est et le Sud-Ouest, les traitements d'été réussissent très bien, c'est la meilleure époque pour les terrains argileux. Dans ces terrains, il est utile de multiplier les trous d'injection et de diminuer la dose affectée à chaque trou.

Les traitements d'été s'appliquent encore avec un grand succès aux taches qui se manifestent après le premier printemps; de cette façon, on s'oppose utilement à l'envahissement par les insectes ailés.

Souvent, après les sulfurages d'été, les feuilles rougissent ou jaunissent; il ne faut pas s'en préoccuper, car elles ne tardent point à reprendre leur teinte naturelle et leur vigueur.

Les traitements d'été, essayés d'abord timidement, sont aujourd'hui en grande faveur. Leur inocuité, sur la vigne, est à présent bien démontrée.

D'une façon générale, on peut dire que, sauf les exceptions qui suivent, on peut traiter en toute saison lorsque le sol est dans état convenable.

Un seul traitement annuel est suffisant, pourtant, dans les années très chaudes, où les pontes sont actives, on se trouvera bien de faire deux traitements dans les propriétés entourées de vignes contaminées. Cette double opération sera toujours très utile pour les quelques lignes qui touchent une propriété voisine abandonnée au phylloxera.

Il faut s'abstenir d'une façon absolue de sulfurer : 1º pendant ou immédiatement avant le départ de la végétation, non plus que quand la sève est en mouvement; 2º quand le terrain est humide ou le temps pluvieux; 3º lorsque les grandes gelées sont à craindre : le froid produit par l'évaporation du sulfure, joint à la gelée, pourrait mortifier les racines.

Il ne faut pas traiter, dans un sol récemment ameubli, — sauf, peut-être, pour les terrains argileux, — on doit toujours laisser s'écouler une quinzaine de jours, après l'opération, avant de faire aucun labour, ou de piocher la vigne.

Quand, par suite d'une raison quelconque, les traitements ont été suspendus pendant plus de quatre ou cinq jours, il faut reprendre les deux ou trois dernières lignes faites avant de continuer l'opération, c'est pourquoi on a intérêt à pousser vivement la sulfuration quand la saison est favorable.

Enfin, et c'est une recommandation de la plus grande importance, il faut, avant de sulfurer, toujours avoir soin de laisser égoutter les terrains forts qui retiennent l'eau longtemps après les pluies ou la fonte des neiges.

Le propriétaire ou le vigneron doit lui-même surveiller les traitements pour s'assurer qu'ils sont bien exécutés, que la dose de sulfure est celle qui convient, que les pals fonctionnent régulièrement, et que les trous sont bien disposés et promptement bouchés.

Terrains où le sulfure ne réussit pas. — Dans les terres argileuses, peu perméables, goutteuses, le sulfure réussit mal. Tout le sulfure injecté reste dans le trou du pal comme dans un pot : l'eau recouvre le sulfure et l'empêche de s'évaporer, on a, dans ces conditions, retrouvé du sulfure intact après deux mois.

Pour ces terrains, il faut éviter avec le plus grand soin de traiter quand ils sont détrempés par les pluies, la vigne pourrait souffrir du contact prolongé du *sulfure liquide* sur les racines. Pour les terrains argileux, il convient de traiter au mois de février, par un temps sec, après que le terrain a été ameubli par les gelées d'hiver, ou mieux encore en plein été, fin juin ou pendant le mois de juillet, en diminuant la dose, comme nous l'avons expliqué, et en multipliant les trous d'injection de façon à favoriser la diffusion dans le sol. En opérant ainsi, le sulfure donne encore de bons résultats, sauf dans les terrains composés d'argile grise ou plastique presque pure.

Le sulfure ne réussit pas non plus, dans les sols dont la profondeur est moindre que 25 à 30 centimètres et dont le sous-sol est imperméable.

PRATIQUE DE L'OPÉRATION

Doses à employer. — Pour faire un excellent traitement, il faudrait, comme l'a dit M. Elisée Nicolas, proportionner le dosage à l'épaisseur de la couche végétale, à la perméabilité du sol, à son état d'humidité ou de sécheresse, aux chances de pluie à survenir pendant les opérations, sans oublier l'âge et la force de la vigne. C'est une affaire de coup d'œil et d'intelligence.

Dans l'état actuel de la question, en dehors des principes généraux, qui sont acquis, il nous paraît impossible de formuler des lois précises, mais nous croyons que l'exposition de ces principes suffira pour que chacun puisse faire l'application du traitement suivant les données particulières du sol.

Nous nous bornerons à indiquer, dans les tableaux qui suivent, les différents modes de distribution des trous et les doses les plus habituellement employées, suivant les divers pays et systèmes de plantation. Nous ferons seulement observer qu'on tend, de plus en plus, à réduire les doses employées, et, qu'au lieu de mettre 300 à 350 kilos à l'hectare, comme au début des traitements, on se contente aujourd'hui de 180 à 200 kilos. C'est avec grand tort qu'on a voulu trop diminuer la quantité de sulfure : l'expérience a suffisamment démontré aujourd'hui que la dose de 200 kilos à l'hectare, est celle qu'on doit *généralement* appliquer. A peine peut-on la réduire un peu pour les jeunes plantiers et les souches très affaiblies.

Fixation du dosage.— Lorsqu'on a fixé la quantité de sulfure qu'on veut employer à l'hectare ou par mètre carré et le nombre de trous à faire par souche, on trouve facilement la quantité de sulfure à mettre dans chaque trou pour arriver au dosage indiqué. Il suffit, pour cela, de *multiplier la surface occupée par chaque souche, par le nombre de grammes à distribuer par mètre carré et de diviser ce produit par le nombre de trous.* Ce qui est exprimé par la formule suivante :

$$Q = \frac{S \times D}{N}$$

Q représente le dosage par trou ;
S la surface occupée par chaque cep, exprimée en mètres carrés (elle s'obtient en divisant l'hectare, 10,000 mètres carrés, par le nombre de souches qu'il contient) ;
D la dose qu'on veut employer par mètre carré (on l'obtient en divisant le nombre de kilos, qu'on veut mettre à l'hectare par 10,000) ; généralement 20 grammes.
N le nombre de trous par unité de souches.

Si l'on adopte la dose moyenne de 20 grammes par mètre carré — généralement appliquée maintenant, — la formule devient :

$$Q = \frac{S \times 20}{N}$$

D'où l'on déduit :

$$N = \frac{S \times 20}{Q}$$

$$S = \frac{Q \times N}{20}$$

Disposition des trous d'injection.— La diffusion du sulfure, dans le sol, se fait d'autant mieux que le nombre de trous est plus grand et que les vapeurs ont moins de chemin à parcourir.

Plus ils sont multipliés, moins la dose est forte sur chaque point, moins on a à redouter les accidents qui peuvent se produire dans les terrains compacts. Mais, comme la main-d'œuvre augmente avec le nombre de trous, quelques propriétaires ont cherché à les réduire le plus possible, sans se douter qu'en rendant la répartition des vapeurs plus difficile, ils s'exporaient, dans bien des cas, pour réaliser une petite économie, à perdre le bénéfice du sulfurage. Que le terrain, trop léger, laisse perdre le sulfure dans l'air avant qu'il se soit répandu dans le sol ; que la terre trop compacte, ne permette pas aux différentes aires de dispersions de se rejoindre, on obtient ce déplorable résultat.

Aussi, sauf dans les terrains exceptionnellement favorables à l'action du sulfure, il ne faut *jamais faire moins de 20,000* trous à l'hectare, et 40,000 ou plus si l'on peut. S'il y a inconvénient à les réduire, il n'y en a aucun à les multiplier.

Dans les terres argileuses, il convient de les multiplier dans de larges proportions, tandis que, dans celles très perméables, — beaucoup de terres, calcaires, porphyriques ou granitiques du Beaujolais sont dans ce cas, on peut réduire sans grand inconvénient le nombre des trous à 25,000 à l'hectare.

L'observation a démontré que les racines s'étendent d'une souche à l'autre et forment un réseau tel, qu'aucune portion du vignoble ne peut être considérée comme dépourvue de racines et par conséquent de phylloxera. Si bien que, pour obtenir de bons effets du sulfure, il faut l'appliquer uniformément dans la vigne sans s'inquiéter des manquants, des espaces vides, des vignes arrachées, non plus que des cultures intercalaires qui pourraient exister.

Le traitement doit s'appliquer à la surface tout entière, à chaque mètre carré, et non aux pieds de vignes qu'il peut contenir, afin que les vapeurs toxiques agissent sur toutes les racines.

Il faut seulement choisir une disposition de trous

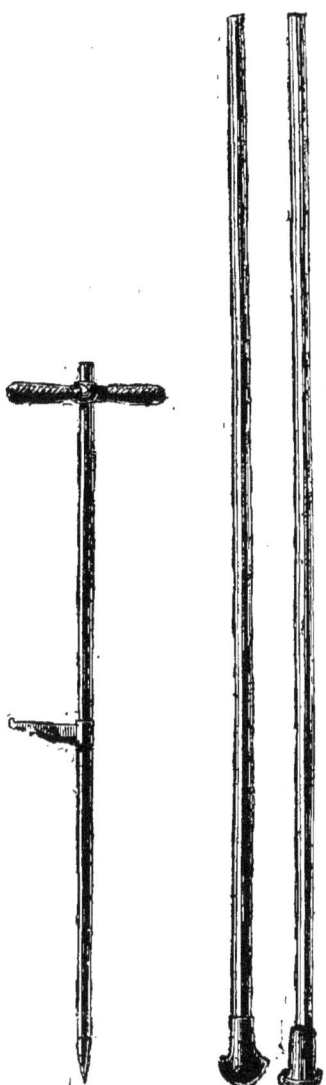

aussi uniforme que possible, en évitant qu'il y en ait trop près des souches. On s'écarte ordinairement de 30 à 40 centimètres du pied de la vigne pour éviter de blesser les grosses racines en enfonçant le pal.

L'ouvrier doit également s'attacher à enfoncer le pal assez profondément, 30 à 35 centimètres, suivant la facilité de pénétration dans le sol. Il faut aussi qu'il l'introduise verticalement pour avoir une répartition uniforme.

Si le terrain s'oppose à la pénétration, on se sert de l'avant pal, sorte de barre en acier très pointue garnie de deux manettes et d'une pédale pour l'enfoncer.

Nous avons dit, ailleurs, qu'il fallait boucher le trou sitôt le pal retiré. Les barres à boucher préférables sont celles terminées par une masse en fonte ou acier en forme de poire.

Il faut boucher d'autant mieux que les trous sont moins profonds.

Fig. 48. — Avant pal. Fig. 49. — Barres à boucher.

Fig. 50. — Équipe de traitement.

TRAITEMENT SIMPLE

Dosage et tracé des trous suivant les différents modes de plantation.

PLANTATIONS EN CARRÉS
A 50 CENTIMÈTRES D'ÉCARTEMENT ENTRE LES CEPS (1).

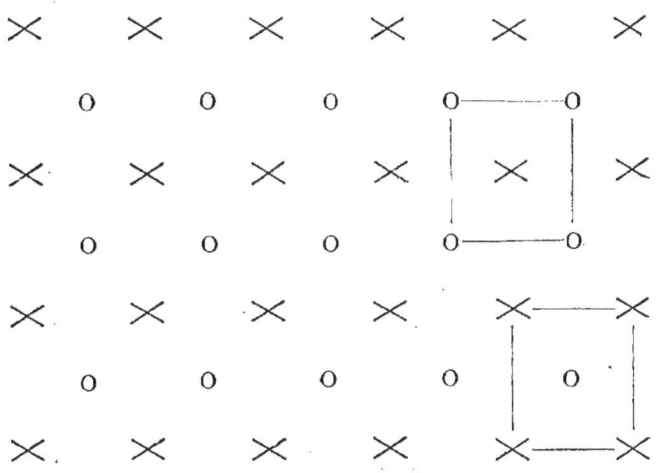

Fig. 51. — 1 trou par souche.

40,000 souches à l'hectare.
Surface occupée par chaque souche : 0m,25.
1 trou par souche (fig. 51) :
Au milieu du carré, à l'intersection des diagonales.
40,000 trous à l'hectare.

(1) NOTA. — Le signe × indique les souches.
— O indique la place des trous.

Dosage par trou, 4 1/2 grammes; à l'hectare, 180 kil.
— — 5 — — 200 kil.
— — 6 — — 240 kil.
— — 7 — — 280 kil.

A 55 CENTIMÈTRES D'ÉCARTEMENT ENTRE LES CEPS.

33,057 souches à l'hectare.

Surface occupée par chaque souche : $0^m 3025$.

1 *trou par souche* (fig. 51) :

Au milieu du carré, à l'intersection des diagonales.

33,057 trous à l'hectare.

Dosage par trou, 5 gr. donnant à l'hect. 165 kil.
— — 6 — — 198 kil.
— — 7 — — 231 kil.
— — 8 — — 265 kil.

A 60 CENTIMÈTRES D'ÉCARTEMENT ENTRE LES CEPS.

27,777 souches à l'hectare.

Surface occupée par chaque souche : $0^m 036$.

1re DISPOSITION. — 1 *trou par souche* (fig. 51) :

Au milieu du carré, à l'intersection des diagonales.

27,777 trous à l'hectare.

Dosage par trou, 6 gr. donnant à l'hect. 166 kil.
— — 7 — — 194 kil.
— — 8 — — 222 kil.
— — 9 — — 249 kil.
— — 10 — — 277 kil.

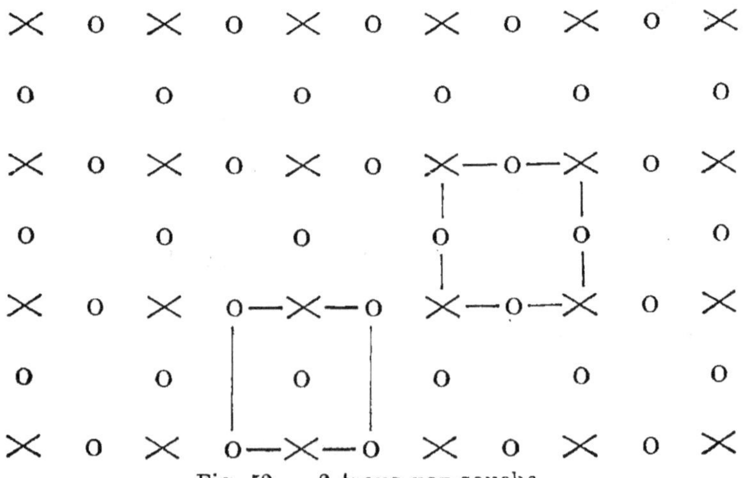

Fig. 52. — 2 trous par souche.

2ᵉ DISPOSITION. — 2 *trous par souche* (fig. 52) :

Un trou, à égale distance entre deux souches, sur chaque rangée de cep en long.

Un trou, à égale distance entre deux souches, sur la ligne en travers.

55,555 trous à l'hectare.

Dosage par trou, 4 grammes ; à l'hectare, 222 kil.
— — 4 1/2 — — 249 kil.
— — 5 — — 277 kil.

A 66 CENTIMÈTRES D'ÉCARTEMENT ENTRE LES CEPS

22,956 souches à l'hectare.

Surface occupée par chaque souche : 0ᵐ4356.

2 *trous par souche* (fig. 52) :

Un trou, à égale distance entre deux souches, sur chaque rangée de cep en longueur.

Un trou à égale distance entre deux souches sur la ligne en travers.

45,912 trous à l'hectare.

Dosage par trou, 4 gr. ; donnant à l'hect., 183 kil.
— — 4 1/2 — — 206 kil.
— — 5 — — 229 kil.
— — 6 — — 275 kil.

A 70 CENTIMÈTRES D'ÉCARTEMENT ENTRE LES CEPS

20,408 souches à l'hectare.

Surface occupée par chaque souche : 0ᵐ49.

2 *trous par souche* (fig. 52) :

Un trou, à égale distance entre deux ceps, sur les rangées en long.

Un trou, à égale distance entre deux ceps, sur la ligne en travers.

40,816 trous à l'hectare.

Dosage par trou, 4 gr. ; donnant à l'hect., 163 kil.
— — 4 1/2 — — 184 kil.
— — 5 — — 204 kil.
— — 6 — — 244 kil.
— — 7 — — 285 kil.

A 75 CENTIMÈTRES D'ÉCARTEMENT ENTRE LES CEPS

17,777 souches à l'hectare.
Surface occupée par chaque souche : 0ᵐ5625.
2 *trous par souche* (fig. 52).
Un trou, à égale distance entre deux ceps, sur les rangées en long.
Un trou, à égale distance entre deux ceps sur la ligne en travers.
35,555 trous à l'hectare.

Dosage par trou, 5 gr.; donnant à l'hect., 177 kil.
— — 6 — — 213 kil.
— — 7 — — 248 kil.
— — 8 — — 284 kil.

A 77 CENTIMÈTRES D'ÉCARTEMENT ENTRE LES CEPS

16,866 souches à l'hectare.
Surface occupée par chaque souche : 0ᵐ5929.
2 *trous par souche* : (fig. 52) :
Un trou, à égale distance de deux ceps, sur la ligne en long.
Un trou, à égale distance de deux ceps, sur la ligne en travers.
33,732 trous à l'hectare.

Dosage par trou, 5 gr.; donnant à l'hect., 168 kil.
— — 6 — — 202 kil.
— — 7 — — 233 kil.
— — 8 — — 268 kil.
— — 9 — — 303 kil.

A 80 CENTIMÈTRES D'ÉCARTEMENT ENTRE LES CEPS

15,625 souches à l'hectare.
Surface occupée par chaque souche : 0ᵐ6400.
2 *trous par souche* (fig. 56) :

TRAITEMENT SIMPLE

Un trou, à égale distance de deux ceps, sur la ligne en long.

Un trou, à égale distance de deux ceps sur la ligne en travers.

31,250 trous à l'hectare.

Dosage par trou, 5 gr.; donnant à l'hect., 156 kil.
—   —   6   —   — 188 kil.
—   —   7   —   — 220 kil.
—   —   8   —   — 250 kil.
—   —   9   —   — 281 kil.

A 90 CENTIMÈTRES D'ÉCARTEMENT ENTRE LES CEPS

12,345 souches à l'hectare.

Surface occupée par chaque souche : 0^m81.

2 *trous par souche* (fig. 52) :

Un trou, à égale distance entre deux souches, sur la ligne des ceps en long.

Un trou, à égale distance entre deux souches, sur la ligne des ceps en travers.

24,690 trous à l'hectare.

Dosage par trou, 7 gr.; donnant à l'hect., 172 kil.
—   —   8   —   — 196 kil.
—   —   9   —   — 221 kil.
—   —   10   —   — 246 kil.

A 1 MÈTRE D'ÉCARTEMENT ENTRE LES CEPS

10,000 souches à l'hectare.

Surface occupée par chaque cep : 1^m carré.

1re DISPOSITION. — 2 *trous par souche* (fig. 52) :

Un trou, à égale distance entre deux souches, sur la ligne des ceps en long.

Un trou, à égale distance entre deux souches, sur la ligne des ceps en travers.

20,000 trous à l'hectare.

Dosage par trou, 9 gr., donnant à l'hect., 180 kil.
—   —   10   —   — 200 kil.
—   —   12   —   — 220 kil.

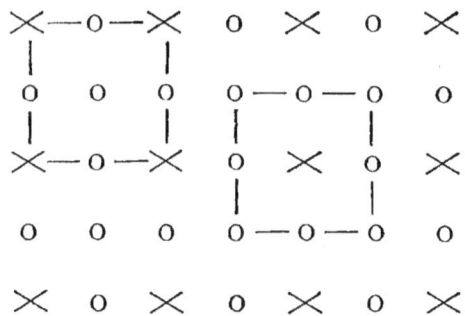

Fig. 53 — 3 trous par souche.

2ᵉ DISPOSITION. — 3 *trous par souche* (fig. 53) :

Un trou, sur la ligne des ceps en long, à égale distance entre deux souches.

Un trou, sur la ligne des ceps en travers, à égale distance entre deux souches.

Un trou, au milieu du carré, à l'intersection des diagonales du carré formé par les 4 souches.

30,000 trous à l'hectare.

Dosage par trou, 6 gr.; donnant à l'hect., 180 kil.
—   —   7   —   — 210 kil.
—   —   8   —   — 240 kil.
—   —   9   —   — 270 kil.

A 1 MÈTRE 10 D'ÉCARTEMENT ENTRE LES CEPS.

8,264 souches à l'hectare.

Surface occupée par chaque souche : 1ᵐ 21.

3 *trous par souche* (fig. 53) :

Un trou, sur la ligne des ceps, en long, à égale distance entre deux souches.

Un trou, sur la ligne des ceps en travers, à égale distance entre deux souches.

Un trou, au milieu du carré, à l'intersection des diagonales du carré formé par les 4 souches.

24,792 trous à l'hectare.

Dosage par trou, 7 gr.; donnant à l'hect., 173 kil.
— — 8 — — 198 kil.
— — 9 — — 223 kil.
— — 10 — — 247 kil.

1m25 D'ÉCARTEMENT ENTRE LES CEPS

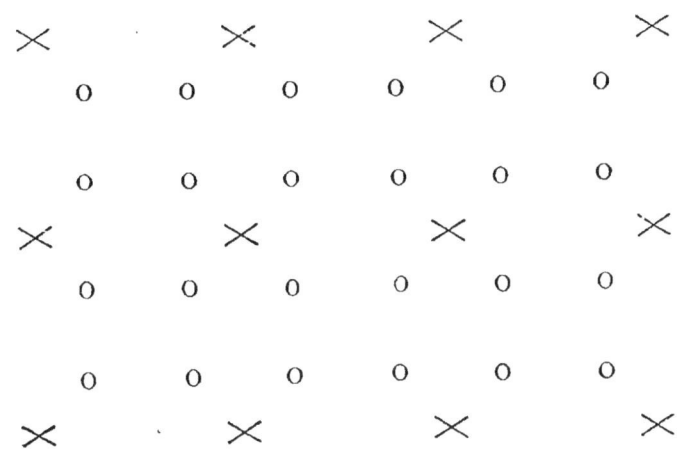

Fig. 54. — 4 trous par souche.

Surface occupée par chaque souche 1m56.
6,399 souches à l'hectare.

1re DISPOSITION. — *4 trous par souche* (fig. 55) : disposés sur les lignes diagonales des carrés de cep à 0m40 de chaque souche.

25,596 trous à l'hectare.

Dosage par trou, 7 gr.; donnant à l'hect., 178 kil.
— — 8 — — 203 kil.
— — 9 — — 229 kil.
— — 10 — — 254 kil.

2e DISPOSITION. — *5 trous par souche* (fig. 55) :
4 trous sur les diagonales des carrés de ceps à 0m40 de chaque souche.

1 trou. à l'intersection des mêmes diagonales, au milieu des carrés formés par 4 ceps.

31,995 trous à l'hectare.

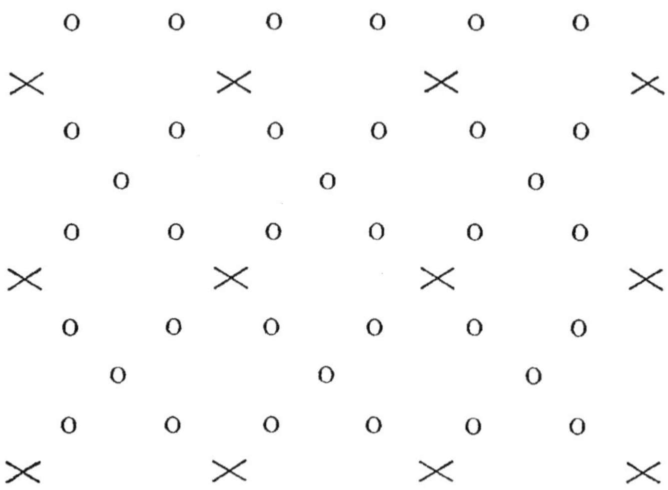

```
    o     o     o     o     o     o
 ×        ×        ×        ×
    o     o     o     o     o     o
       o        o        o
    o     o     o     o     o     o
 ×        ×        ×        ×
    o     o     o     o     o     o
       o        o        o
    o     o     o     o     o     o
 ×        ×        ×        ×
```

Fig. 55. — 5 trous par souche.

Dosage par trou, 7 gr.; donnant à l'hect., 178 kil.
— — 8 — — 203 kil.
— — 9 — — 229 kil.
— — 10 — — 254 kil.

A 1 MÈTRE 50 D'ÉCARTEMENT ENTRE LES CEPS.

4,444 souches à l'hectare.

Surface occupée par chaque souche: 2^m 25.

1re DISPOSITION. — 5 *trous par souche* (fig. 55) :

4 trous sur les diagonales des carrés à 0^{m}40 des ceps.

Un trou à l'intersection des mêmes diagonales.

22,222 trous à l'hectare.

Dosage par trou, 8 gr.; donnant à l'hect., 177 kil.
— — 9 — — 199 kil.
— — 10 — — 222 kil.

TRAITEMENT SIMPLE 73

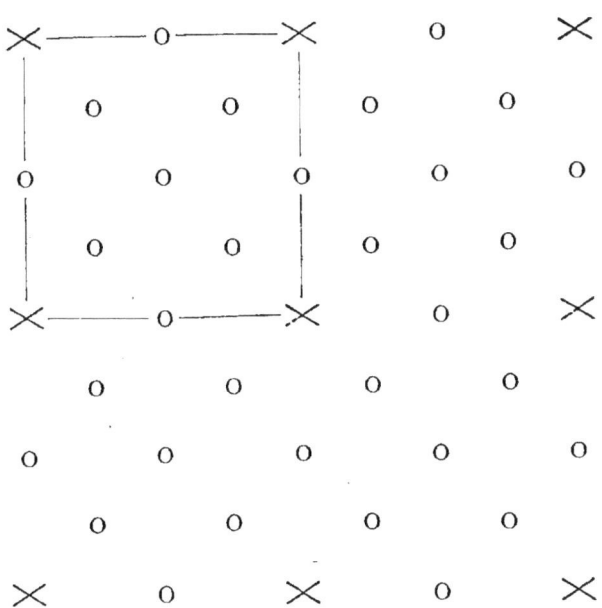

Fig. 56. — 7 trous par souche.

2ᵐᵉ DISPOSITION. — 7 *trous par souche* (fig. 56) :
1 trou, entre deux ceps, sur la rangée en long.
1 trou, entre deux ceps, sur la rangée en travers.
4 trous, sur les diagonales des carrés, à 0ᵐ 40 des souches.
1 trou à l'intersection des mêmes diagonales.
31,111 trous à l'hectare.

Dosage par trou, 6 gr.; donnant à l'hect., 186 kil.
— — 7 — — 217 kil.
— — 8 — — 248 kil.
— — 9 — — 279 kil.

A 1 MÈTRE 625 D'ÉCARTEMENT ENTRE LES SOUCHES

3,807 souches à l'hectare.
Surface occupée par chaque souche : 2ᵐ 6244.
7 *trous par souche* (fig. 56) :

1 trou entre deux ceps, sur la ligne des carrés en long.

1 trou entre deux souches, sur la ligne des carrés en travers.

4 trous sur les diagonales des carrés à 0,40 des souches.

1 trou à l'intersection des mêmes diagonales.

26,649 trous à l'hectare.

Dosage par trou, 7 gr.; donnant à l'hect., 186 kil.
— — 8 — — 213 kil.
— — 9 — — 239 kil.
— — 10 — — 266 kil.

A 1 MÈTRE 75 D'ÉCARTEMENT ENTRE LES SOUCHES

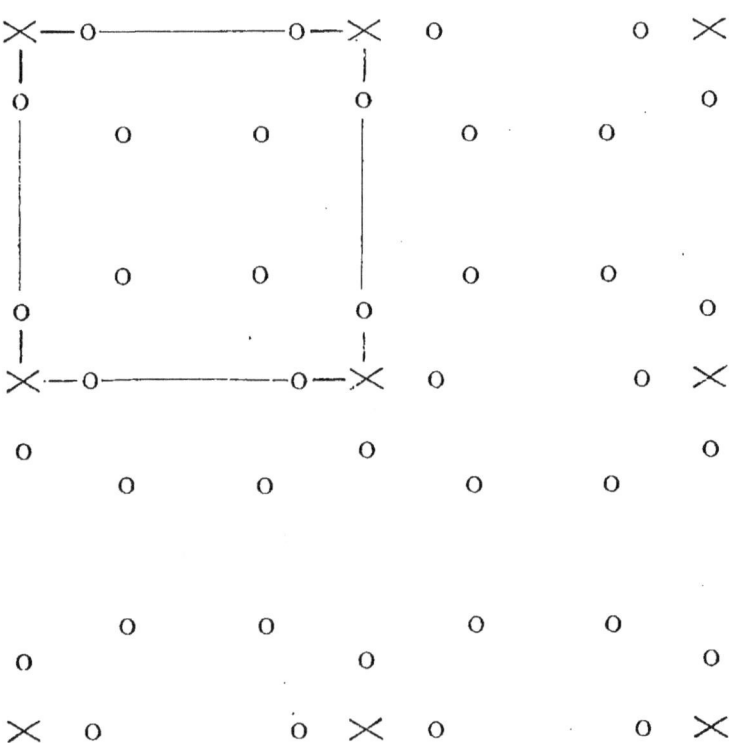

Fig. 57. — 8 trous par souche.

TRAITEMENT SIMPLE

3,265 souches à l'hectare.

Surface occupée par chaque souche : 3m 0625.

1re DISPOSITION. — *8 trous par souche* (fig. 57) :

2 trous sur la ligne des carrés, en long à 0m 40 des souches.

2 trous sur la ligne des carrés, en travers, à 0m 40 des souches.

4 trous sur les diagonales, de façon à diviser chaque diagonale en 3 parties.

26,120 trous à l'hectare.

Dosage par trou, 7 gr.; donnant à l'hect., 182 kil.
— — 8 — — 208 kil.
— — 9 — — 235 kil.
— — 10 — — 261 kil.

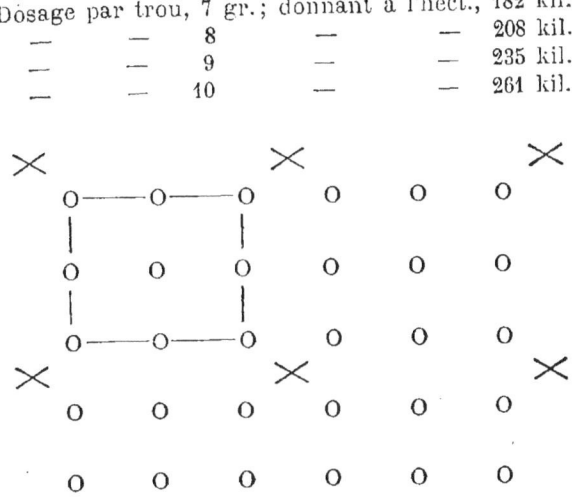

Fig. 58. — 9 trous par souche.

2e DISPOSITION. — *9 trous par souche* (fig. 58) :

4 trous, sur les diagonales, à 0m 40 de chaque souche.

4 trous au milieu des lignes du carré formées par les 4 trous précédents.

1 trou à l'intersection des diagonales.

29,385 trous à l'hectare.

Dosage par trou, 6 gr.; donnant à l'hect., 176 kil.
— — 7 — — 205 kil.
— — 8 — — 234 kil.
— — 9 — — 263 kil.

A 2 MÈTRES D'ÉCARTEMENT ENTRE LES SOUCHES

2,500 souches à l'hectare.

Surface occupée par chaque souche : 4 mètres carrés.

1re DISPOSITION. — 9 *trous par souche* (fig. 58) :

22,500 trous à l'hectare.

Dosage par trou, 7 gr.; donnant à l'hect., 157 kil.
— — 8 — — 179 kil.
— — 9 — — 202 kil.
— — 10 — — 225 kil.

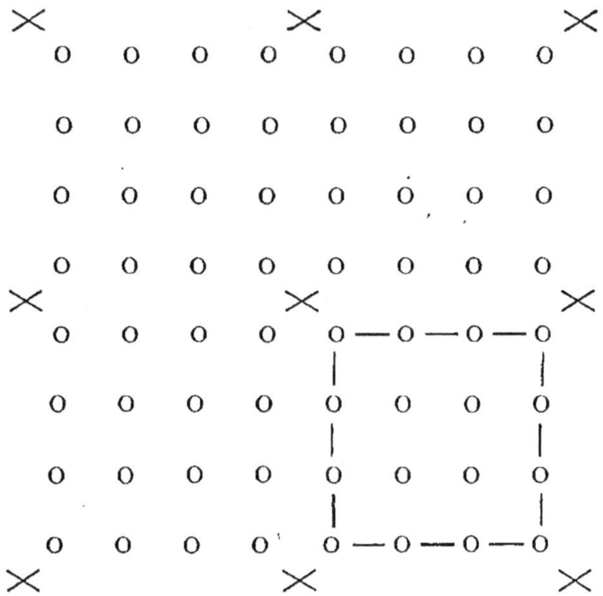

Fig. 59. — 16 trous par souche.

2me DISPOSITION. — 16 *trous par souche* (fig. 59) :

4 trous sur les diagonales du carré des ceps, à 0m 40 de chaque souche.

8 trous, soit 2 trous partageant en trois parties égales, chacun des côtés du carré formé par les 4 trous précédents.

4 trous sur les diagonales des carrés de ceps, à 0m25 chacun de l'intersection de ces mêmes diagonales.

Dosage par trou, 5 gr.; donnant à l'hect., 200 kil.
— — 6 — — 240 kil.
— — 7 — — 280 kil.

PLANTATIONS EN LIGNES

Écartement des rangs : 1ᵐ 10
Distance entre les ceps : 0ᵐ 50

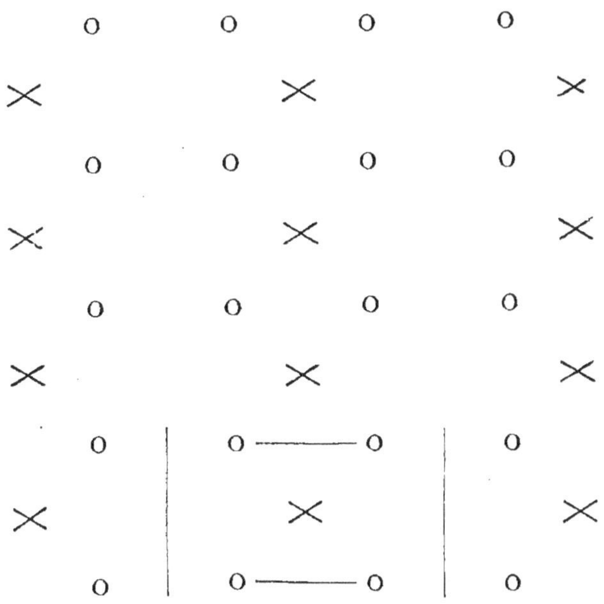

Fig. 60. — 2 trous par souche.

Surface occupée par chaque cep : 0ᵐ55.
18,181 souches à l'hectare.

2 *trous par souches* (fig. 60) : disposés en ligne, à 0ᵐ 50 les uns des autres à 0ᵐ30 des rangs et à égale distance de deux ceps.

36,362 trous à l'hectare.

LE PHYLLOXERA

Dosage par trou, 5 gr.; donnant à l'hect., 181 kil.
— — 6 — — 218 kil.
— — 7 — — 254 kil.
— — 8 — — 290 kil.

ECARTEMENT DES RANGS : 1 MÈTRE 25
DISTANCE ENTRE LES CEPS : 0ᵐ50

Surface occupée par chaque cep : 0ᵐ6250.
16,000 souches à l'hectare.

2 *trous par souche* (fig. 60) disposés en lignes, à 0ᵐ50 les uns des autres, parallèlement aux rangs de ceps à 0ᵐ30 de ceux-ci, et à égale distance de deux ceps.
32,000 trous à l'hectare.

Dosage par trou, 5 gr.; donnant à l'hect., 160 kil.
— — 6 — — 192 kil.
— — 7 — — 224 kil.
— — 8 — — 256 kil.
— — 9 — — 288 kil.

ECARTEMENT DES RANGS : 1 MÈTRE 25
DISTANCE ENTRE LES CEPS : 0ᵐ80

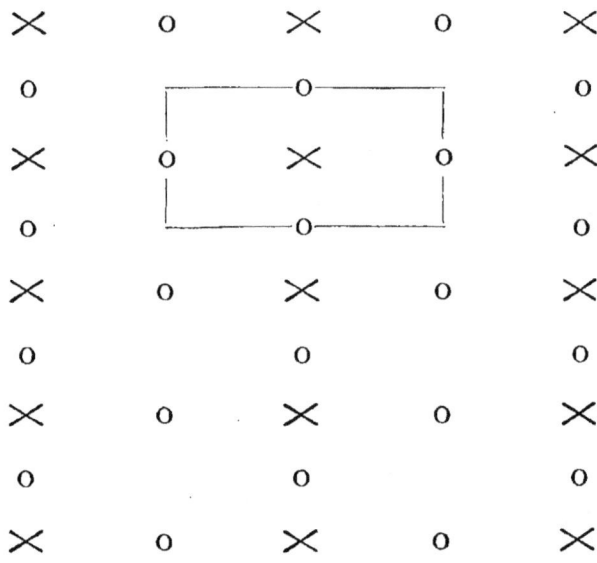

Fig. 61. — 2 trous par souche.

PLANTATIONS EN LIGNES 79

Surface occupée par chaque cep : 1ᵐ
10,000 souches à l'hectare.

1ʳᵉ DISPOSITION. — *2 trous par souche* (fig. 61) :

Un trou dans les rangs entre deux ceps.

Un trou dans le milieu de l'intervalle des rangs, en face des ceps.

20,000 trous à l'hectare.

Dosage par trou, 8 gr.; donnant à l'hect., 160 kil.
— — 9 — — 180 kil.
— — 10 — — 200 kil.
— — 12 — — 240 kil.
— — 13 — — 260 kil.
— — 15 — — 300 kil.

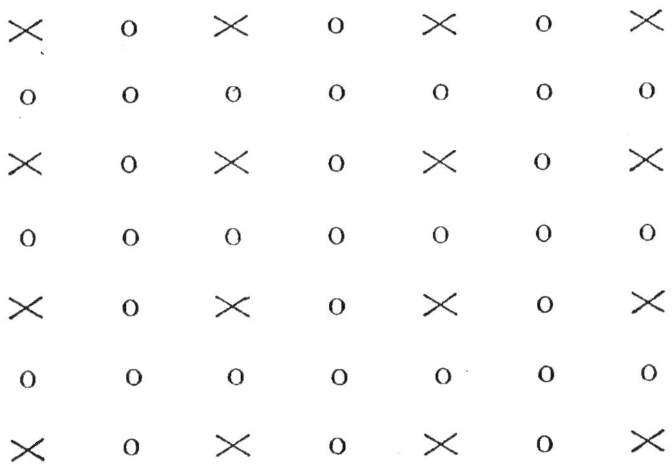

```
×   o   ×   o   ×   o   ×
o   o   o   o   o   o   o
×   o   ×   o   ×   o   ×
o   o   o   o   o   o   o
×   o   ×   o   ×   o   ×
o   o   o   o   o   o   o
×   o   ×   o   ×   o   ×
```

Fig. 62. — 3 trous par souche.

2ᵉ DISPOSITION. — *3 trous par souche* (fig. 62) :

Un trou dans le rang entre deux ceps.

Un trou, au milieu de l'intervalle, en face du trou précédent.

Un trou au milieu de l'intervalle, en face des ceps.

30,000 trous à l'hectare.

Dosage par trou, 6 gr.; donnant à l'hect., 180 kil.
— — 7 — — 210 kil.
— — 8 — — 240 kil.
— — 9 — — 270 kil.

ÉCARTEMENT DES RANGS : 1m30

DISTANCE ENTRE LES CEPS : 1m

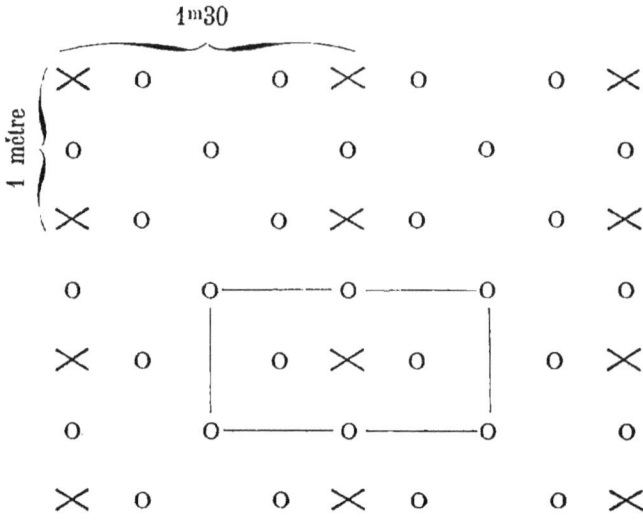

Fig. 63. — 4 trous par souche.

Surface occupée par chaque cep : 1m30.

7,692 souches à l'hectare.

4 trous par souches (fig. 63) :

Un trou à égale distance entre deux ceps, dans le rang.

2 trous dans l'intervalle, en face de chaque cep, à 0m35 du rang.

Un trou au milieu de l'intervalle, en face de l'entre-deux des ceps.

30,768 trous à l'hectare.

Dosage par trou, 6 gr.; donnant à l'hect., 184 kil.
— — 7 — — 215 kil.
— — 8 — — 246 kil.
— — 9 — — 276 kil.

ECARTEMENT DES RANGS : 1 MÈTRE 50

DISTANCE ENTRE LES CEPS DANS LE RANG : 0m50 CENTIMÈTRES

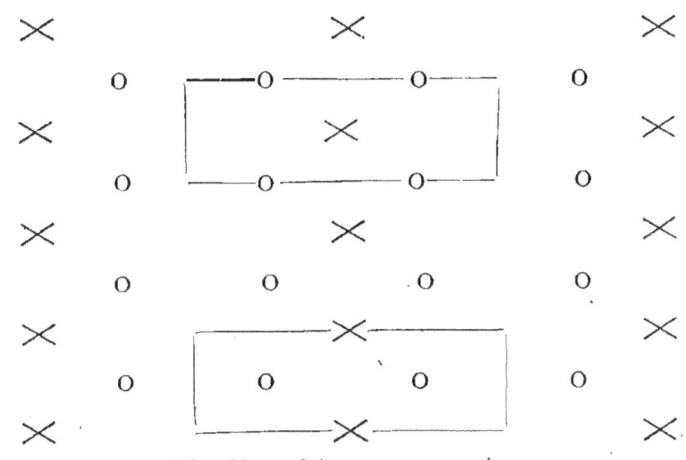

Fig. 64. — 2 trous par souche.

Surface occupée par chaque cep : 0m65.

15,384 souches à l'hectare.

2 *trous par souche* (fig. 64) disposés dans l'intervalle sur deux lignes à 0m40 des rangs en face de l'entre-deux des ceps :

Un trou dans le rang entre chaque cep.

Un trou entre les rangs, à égale distance et en face des ceps.

30,768 trous à l'hectare.

Dosage par trou, 6 gr.; donnant à l'hect., 184 kil.
— — 7 — — 215 kil.
— — 8 — — 246 kil.
— — 9 —. — 276 kil.

ECARTEMENT DES RANGS : 1m50

DISTANCE ENTRE LES CEPS : 0m75

Surface occupée par chaque cep : 1m12.

8,928 souches à l'hectare.

4 *trous par souche* (fig. 63).

Un trou à égale distance entre deux ceps, dans le rang.

2 trous dans l'intervalle des rangs, en face de chaque souche, à 0m40 du rang.

Un trou au milieu de l'intervalle, en face de l'entre-deux des ceps.

35,712 trous à l'hectare.

Dosage par trou, 5 gr.; donnant à l'hect., 178 kil.
— — 6 — — 214 kil.
— — 7 — — 249 kil.
— — 8 — — 285 kil.

ECARTEMENT DES RANGS : 1m50

DISTANCE ENTRE LES CEPS : 0m80

Surface occupée par chaque cep : 1m20.

8,333 souches à l'hectare.

4 trous par souche (fig. 63).

Un trou à égale distance entre deux ceps, dans le rang.

2 trous dans l'intervalle, en face de chaque cep, à 0m40 du rang.

Un trou au milieu de l'intervalle, en face de l'entre-deux des ceps.

33,333 trous à l'hectare.

Dosage par trou, 5 gr.; donnant à l'hect., 166 kil.
— — 6 — — 199 kil.
— — 7 — — 233 kil.
— — 8 — — 266 kil.

ECARTEMENT DES RANGS : 1m 50

DISTANCE ENTRE LES CEPS : 1 mètre

Surface occupée par chaque cep : 1m 50

6,666 souches à l'hectare.

4 trous par souche (fig. 63).

1 trou à égale distance entre deux ceps, dans le rang.

2 trous dans l'intervalle des rangs, en face de chaque souche, à 0ᵐ 40 du rang.

1 trou au milieu de l'intervalle, en face l'entre-deux des ceps.

26,666 trous à l'hectare.

Dosage par trou, 7 gr.; donnant à l'hect., 186 kil.
— — 8 — — 213 kil.
— — 9 — — 240 kil.
— — 10 — — 266 kil.

ÉCARTEMENT DES RANGS : 2 mètres
DISTANCE ENTRE LES CEPS : 0ᵐ 60

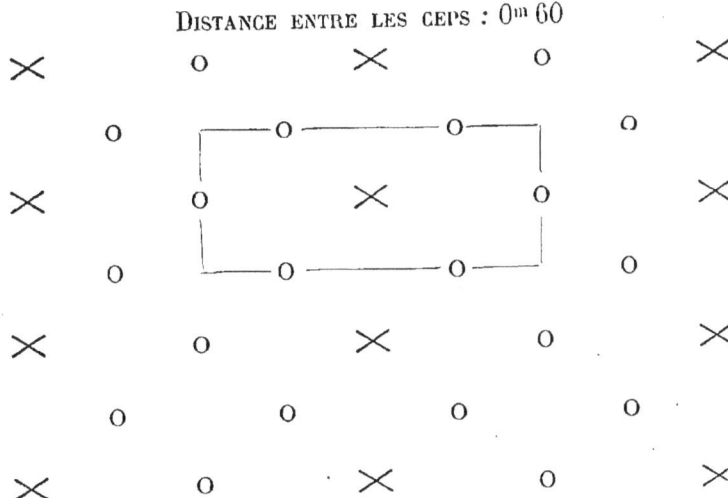

Fig. 65. — 3 trous par souche.

Surface occupée par chaque cep : 1ᵐ 20,
8,333 souches à l'hectare.

3 *trous par souche* (fig. 65) :
1 trou au milieu de l'intervalle des rangs, en face des souches,

2 trous dans l'intervalle des rangs, à 0ᵐ 40 des lignes de cep et en face de l'entre deux des souches,

24,999 trous à l'hectare.

Dosage par trou, 7 gr.; donnant à l'hect., 150 kil.
— — 8 — — 195 kil,
— — 9 — — 220 kil.
— — 10 — — 250 kil.

84 LE PHYLLOXERA

ECARTEMENT DES RANGS : 2 mètres
DISTANCE ENTRE LES CEPS : 0,80

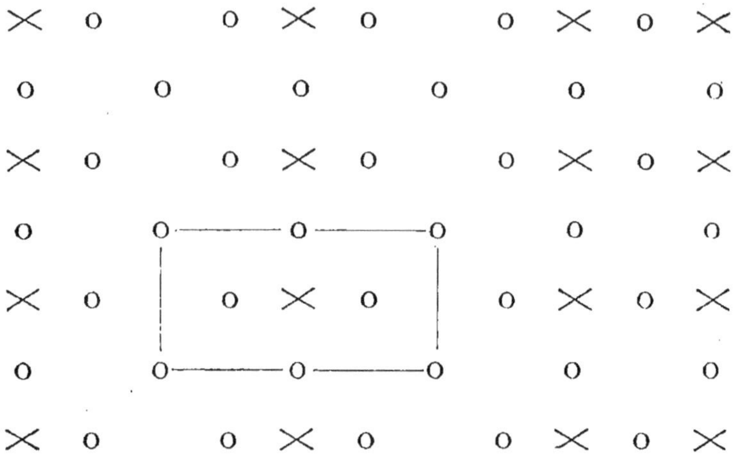

Fig. 66. — 4 trous par souche.

Surface occupée par chaque cep : 1ᵐ 60
6,250 souches à l'hectare.

4 trous par souche (fig. 66) :

1 trou entre les ceps, dans la ligne.

1 trou au milieu de l'intervalle des rangs, en face l'entre-deux des ceps.

2 trous à 0ᵐ 40 des lignes, en face de chaque souche
25,000 trous à l'hectare.

Dosage par trou, 7 gr.; donnant à l'hect., 175 kil.
— — 8 — — 200 kil.
— — 9 — — 225 kil.
— — 10 — — 250 kil.

ECARTEMENT DES RANGS : 2 mètres
DISTANCE ENTRE LES CEPS : 1 mètre

Surface occupée par chaque cep, 2 mètres carrés
5,000 souches à l'hectare.

1ʳᵉ DISPOSITION. — *4 trous par souche* (fig. 66) :

PLANTATIONS EN LIGNES

1 trou entre les ceps dans la ligne.
1 trou au milieu de l'intervalle des rangs, en face l'entre-deux des ceps.
2 trous à 0m 40 des lignes, en face de chaque souche.
20,000 trous à l'hectare.

Dosage par trou, 8 gr. ; donnant à l'hect., 160 kil.
— — 9 — — 180 kil.
— — 10 — — 200 kil.

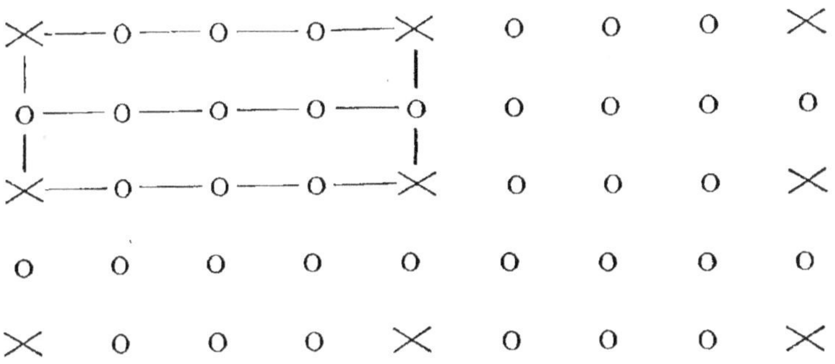

Fig. 67. — 7 trous par souche.

2me DISPOSITION — *7 trous par souche* (fig. 67) :
1 trou dans le rang, entre deux souches.
4 trous, à 0, 40 des lignes : 2 en face des ceps ; 2 en face de l'entre-deux.
2 au milieu de l'intervalle des rangs : 1 en face des ceps ; 1 en face de l'entre-deux.
35,000 trous à l'hectare.

Dosage par trou, 5 gr. ; donnant à l'hect., 175 kil.
— — 6 — — 210 kil.
— — 7 — — 245 kil.
— — 8 — — 280 kil.

ÉCARTEMENT DES RANGS : 2m 50

DISTANCE ENTRE LES CEPS : 0m 60

Surface occupée par chaque cep : 1m 50
6,666 souches à l'hectare
4 trous par souche (fig. 66) :
1 trou entre les ceps, dans la ligne.

1 trou au milieu de l'intervalle des rangs, en face l'entre-deux des ceps.

2 trous à 0m40 des lignes, en face de chaque souche.
26,666 trous à l'hectare.

Dosage par trou, 7 gr.; donnant à l'hect., 186 kil.
— — 8 — — 213 kil.
— — 9 — — 240 kil.
— — 10 — — 266 kil.

ECARTEMENT DES RANGS : 2m50
DISTANCE ENTRE LES CEPS : 0m75

Surface occupée par chaque cep : 1m87
5,347 souches à l'hectare.

1re DISPOSITION. — *4 trous par souche* (fig. 66) :
Un trou entre les ceps, dans la ligne.
Un trou au milieu de l'intervalle des rangs, en face l'entre-deux des ceps.
2 trous à 0m40 des lignes, en face de chaque souche.
21,388 trous à l'hectare.

Dosage par trou, 8 gr.; donnant à l'hect,, 171 kil.
— — 9 — — 192 kil.
— — 10 — — 213 kil.

2e DISPOSITION. — *7 trous par souche* (fig. 67) :
Un trou dans le rang, entre deux souches.
4 trous à 0m40 des lignes : 2 en face des ceps, 2 en face de l'entre-deux.
2 trous au milieu de l'intervalle des rangs : 1 en face des ceps, 1 en face de l'entre-deux.
37,429 trous à l'hectare.

Dosage par trou, 5 gr.; donnant à l'hect., 187 kil.
— — 6 — — 224 kil.
— — 7 — — 261 kil.

ECARTEMENT DES RANGS : 2m50
DISTANCE ENTRE LES CEPS : 1 MÈTRE

Surface occupée par chaque cep : 2m50
4,000 souches à l'hectare.

7 trous par souche (fig. 67) :

Un trou dans le rang, entre deux souches.
4 trous à 0m40 des lignes : 2 en face des ceps, 2 en face de l'entre-deux.
2 trous au milieu de l'intervalle des rangs : 1 en face des ceps, 1 en face de l'entre-deux.
28,000 trous à l'hectare.

Dosage par trou, 6 gr.; donnant à l'hect., 168 kil.
— — 7 — — 196 kil.
— — 8 — — 224 kil.
— — 9 — — 252 kil.
— — 10 — — 280 kil.

ÉCARTEMENT DES RANGS : 3m
DISTANCE DES CEPS : 0m75

Surface occupée par chaque cep : 2m25.
4,444 souches à l'hectare.
6 *trous par souche* (fig. 68) :
Un trou dans le rang, entre deux souches.
3 trous dans l'intervalle des rangs : 2 en face des ceps, à 0m40 des lignes, 1 au milieu de l'intervalle.
2 trous dans l'intervalle des rangs, à 1m des lignes, en face de l'entre-deux des ceps.
26,666 trous à l'hectare.

Dosage par trou, 7 gr.; donnant à l'hect., 186 kil.
— — 8 — — 213 kil.
— — 9 — — 239 kil.
— — 10 — — 266 kil.

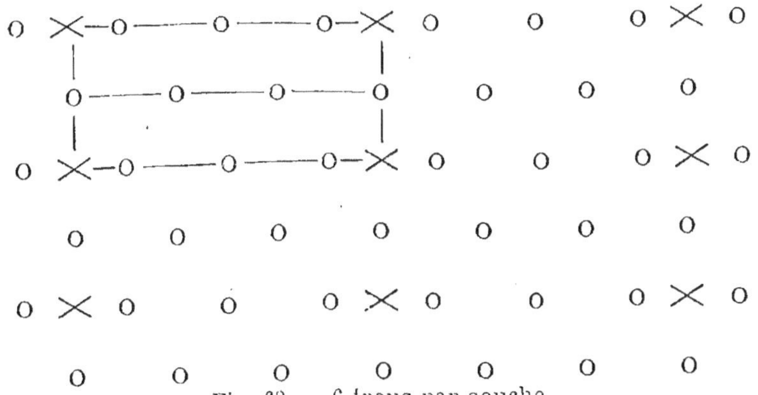

```
o ✕—o———o———o—✕ o      o       o ✕ o
  |                |
  o———o———o———o          o       o       o
  |                |
o ✕—o———o———o—✕ o      o       o ✕ o


  o     o     o     o       o       o       o


o ✕ o       o       o ✕ o       o ✕ o


  o     o     o     o       o       o
```

Fig. 68. — 6 trous par souche.

LE PHYLLOXERA

ÉCARTEMENT DES RANGS : 3^m

DISTANCE ENTRE LES CEPS : 1^m

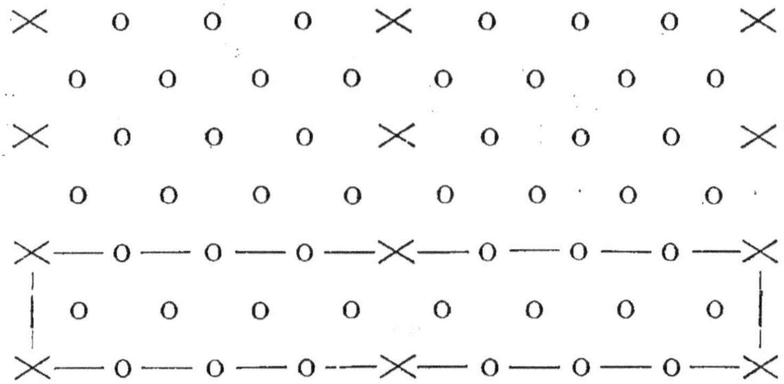

×   o   o   o   ×   o   o   o   ×
 o   o   o   o   o   o   o   o
×   o   o   o   ×   o   o   o   ×
 o   o   o   o   o   o   o   o
×—o—o—o—×—o—o—o—×
| o   o   o   o   o   o   o   o |
×—o—o—o—×—o—o—o—×

Fig. 69. — 8 trous par souche.

Surface occupée par chaque cep : 3 mètres carrés.
3,333 souches à l'hectare.

8 *trous par souche* (fig. 69) :

1 trou dans la ligne, entre deux souches.

4 trous dans l'intervalle des rangs : 2 en face des ceps, à 0^m 40 des lignes, 2 à $1^m 10$ de ces mêmes lignes.

3 trous dans l'intervalle des rangs, en face l'entre-deux des ceps 2 à 0^m 75 des lignes, 1 à égale distance des deux rangs.

26,666 trous à l'hectare.

Dosage par trou, 7 gr.; donnant à l'hect., 186 kil.
   —   — 8 —   — 213 kil.
   —   — 9 —   — 239 kil.
   —   — 10 —   — 266 kil.

ÉCARTEMENT DES RANGS : 4^m

DISTANCE ENTRE LES CEPS : 0^m 75

Surface occupée par chaque cep : 3^m carrés.
3,333 souches à l'hectare.

8 *trous par souche* (fig. 69) :

1 trou dans le rang, entre deux souches.

4 trous, dans l'intervalle des rangs : 2 en face des ceps, à 0^m 50 des lignes, 2 à 1^m 50 des mêmes lignes.

3 trous dans l'intervalle des rangs, en face l'entre-deux des ceps : 2 à 1ᵐ des lignes, 1 à égale distance des deux rangs.

26,666 trous à l'hectare.

Dosage par trou, 7 gr.; donnant à l'hect., 186 kil.
— — 8 — — 213 kil.
— — 9 — — 239 kil.
— — 10 — — 266 kil.

ÉCARTEMENT DES RANGS : 4ᵐ
DISTANCE ENTRE LES RANGS : 1ᵐ

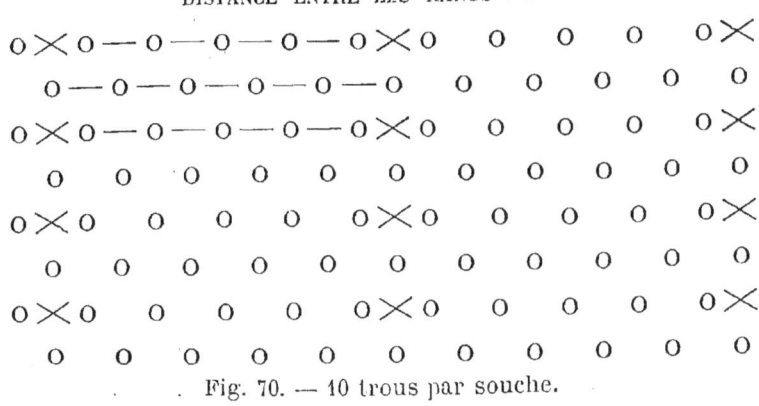

Fig. 70. — 10 trous par souche.

Surface occupée par chaque cep : 4 mètres carrés.
2,500 souches à l'hectare.

10 *trous par souche* (fig. 70) :

1 trou dans le rang, entre deux souches.

5 trous dans l'intervalle des rangs, en face des souches : 2 à 0ᵐ 40 des lignes, 2 à 1ᵐ 20 des mêmes lignes, 1 à égale distance des deux rangs.

4 trous dans l'intervalle des rangs, en face l'entre-deux des souches, à 0ᵐ 80 des rangs et à 0ᵐ 80 les uns des autres, de façon à alterner avec les trous précédents.

25,000 trous à l'hectare.

Dosage par trou, 7 gr.; donnant à l'hect., 175 kil.
— — 8 — — 200 kil.
— — 9 — — 225 kil.
— — 10 — — 250 kil.

PLANTATIONS EN LIGNES DOUBLES

GRAND INTERVALLE ENTRE LES RANGS DOUBLES : 2^m
DISTANCE ENTRE LES DEUX LIGNES ACCOUPLÉES : 1^m
ÉCARTEMENT DES SOUCHES SUR LES LIGNES 0^m75

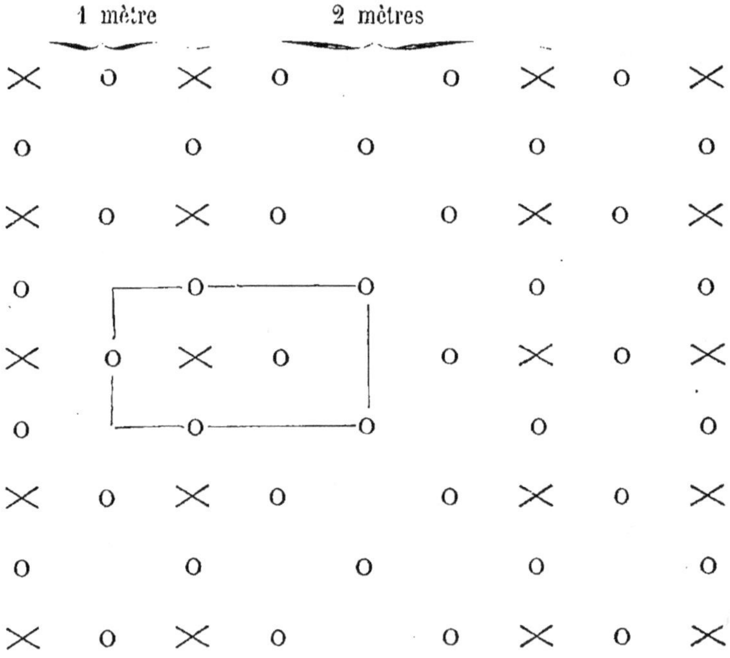

Fig. 71. — 6 trous par double souche.

Surface occupée par chaque cep : $1^m 1250$.
8,000 souches à l'hectare.

PLANTATIONS EN LIGNE DOUBLE

6 *trous par double souche* (fig. 71).

Dans les lignes, au milieu entre deux souches entre, les deux lignes accouplées; au milieu en face des ceps, à 0ᵐ 40 des lignes, en face des ceps, dans le grand intervalle des rangs doubles.

En face de l'entre-deux des ceps, à égale distance des lignes, dans le grand intervalle des rangs doubles.

24,000 trous à l'hectare.

Dosage par trou, 7 gr.; donnant à l'hect., 168 kil.
— — 8 — — 192 kil.
— — 9 — — 216 kil.
— — 10 — — 240 kil.

GRAND INTERVALLE ENTRE LES RANGS DOUBLES : 3ᵐ
DISTANCE ENTRE LES DEUX LIGNES ACCOUPLÉES : 1ᵐ
ÉCARTEMENT DES SOUCHES SUR LES LIGNES : 0ᵐ75

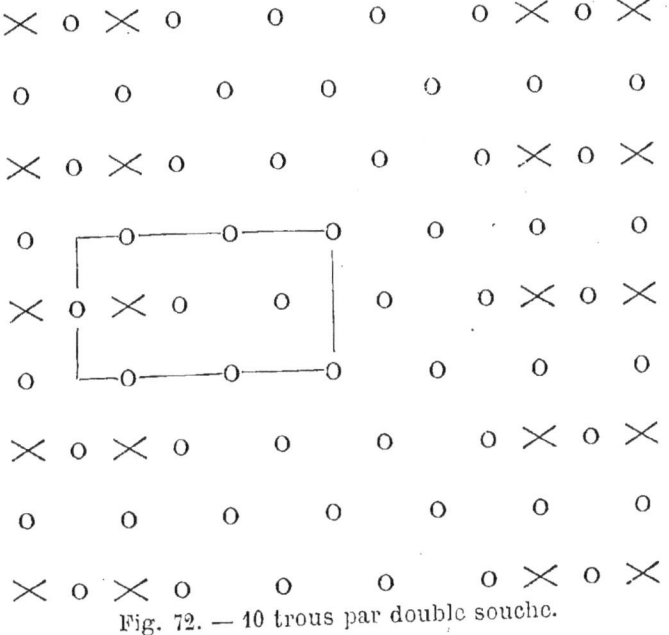

Fig. 72. — 10 trous par double souche.

Surface occupée par chaque cep : 1ᵐ50.

6,666 souches à l'hectare.

10 *trous par double souches* (fig. 72).

Dans les lignes, au milieu, entre deux souches; en face des ceps, au milieu, entre les deux lignes accouplées.

En face des ceps, à 0^m40 et 1^m10 des lignes, dans le grand intervalle des rangs doubles; en face l'entre-deux des ceps, à 0^m75 et 1^m50 des lignes dans le grand intervalle des rangs doubles.

33,333 trous à l'hectare.

Dosage par trou, 5 gr.; donnant à l'hect., 165 kil.
— — 6 — — 198 kil.
— — 7 — — 231 kil.
— — 8 — — 264 kil.

GRAND INTERVALLE ENTRE LES RANGS DOUBLES : 4^m

DISTANCE ENTRE LES DEUX LIGNES ACCOUPLEES : 1^m

ÉCARTEMENT DES SOUCHES SUR LES LIGNES : 0^m75

Surface occupée par chaque cep : 1^m8750.

5,333 souches à l'hectare.

10 *trous par double souches* (fig. 72).

Dans les lignes, au milieu, entre deux souches; en face des ceps, au milieu, entre les deux lignes accouplées.

En face des ceps, à 0^m40 et 1^m10 des lignes; dans le grand intervalle.

En face l'entre-deux des ceps, à 0^m75 et 2^m des lignes, dans le grand intervalle des rangs doubles.

26,665 souches à l'hectare.

Dosage par trou, 7 gr.; donnant à l'hect., 186 kil.
— — 8 — — 213 kil.
— — 9 — — 240 kil.
— — 10 — — 266 kil

PLANTATIONS EN QUINCONCE

Les dispositions de trous, que nous avons données pour les plantations en carrés, s'appliquent également aux plantations en quinconce (ou losange), à cette différence près que, pour ces dernières, on ne peut obtenir un réseau de distribution aussi régulier par rapport aux souches.

Nous donnons toutefois, à titre d'exemple, deux spécimens pour plantations à 0^m75 et 1^m50, en invitant nos lecteurs à se reporter, pour les autres écartements, aux plantations en carrés correspondant.

ÉCARTEMENT DES CEPS SUR LA LIGNE : 0^m75

Fig. 73 — 2 trous par souche.

Surface occupée par chaque cep : 0^m48.
20,500 souches à l'hectare.

2 *trous par souche* (fig. 73).

Sur la ligne des ceps (côtés du losange).

41,000 trous à l'hectare.

```
Dosage par trou, 4 gr.; donnant à l'hect., 166 kil.
     —          — .5       —         — 207 kil.
     —          — 6        —         — 249 kil.
```

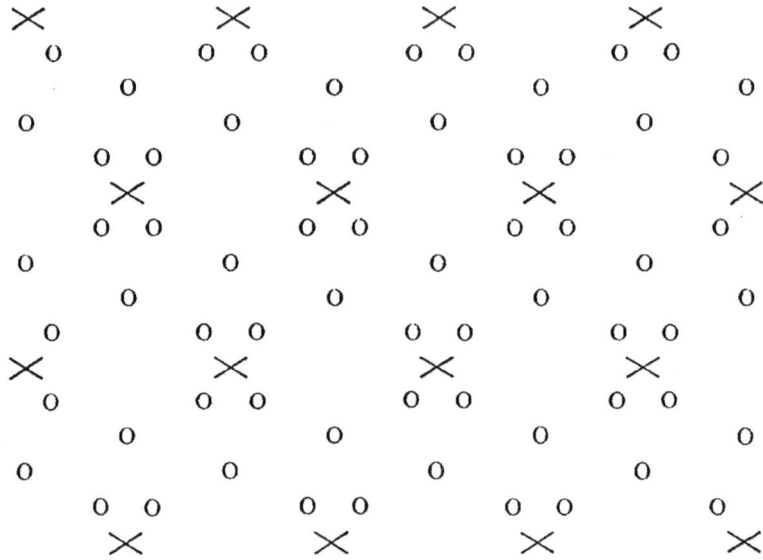

Fig. 74. — 6 trous par souche.

Surface occupée par chaque cep : $1^m 93$

5,181 souches à l'hectare.

6 *trous par souche* (fig. 74) :

4 trous sur les lignes à $0^m 40$ des ceps.

2 trous sur la grande diagonale de façon à la partager en trois parties égales.

31,086 trous à l'hectare.

```
Dosage par trou, 6 gr.; donnant à l'hect., 186 kil.
     —          — 7        —         — 217 kil.
     —          — 8        —         — 248 kil.
     —          — 9        —         — 279 kil.
```

TRAITEMENT RÉITÉRÉ

Toutes les dispositions des trous d'injection, dont nous nous sommes occupé jusque-là, se rapportaient au traitement simple, c'est-à-dire à l'opération faite d'une fois. Nous devons, pour être complets, parler aussi d'un mode de faire qui, préconisé à l'origine par la Compagnie P.-L.-M., est encore employé par beaucoup de propriétaires. Ce procédé, appelé traitement à doses réitérées, ou plus simplement *traitement réitéré*, consiste à diviser l'opération en deux et à donner deux injections successives à cinq ou six jours d'intervalle.

Avec cette façon de faire, la vigne peut supporter sans inconvénient une plus forte dose de sulfure : ainsi, par exemple, on peut mettre, au lieu de 20 grammes par mètre carré mis une fois, 24 et 30 grammes mis en deux opérations.

Avec le traitement réitéré, — l'expérience le prouve, — on obtient un résultat insecticide plus complet qu'en injectant la même dose en une seule fois. Mais comme les résultat du traitement simple sont excellents et que ce dernier est bien plus économique, tant au point de vue du sulfure que de la main d'œuvre on délaisse de plus en plus les traitements réitérés dans tous les pays. Il y a, encore pour cela, une autre raison que l'économie : c'est qu'il est plus facile de choisir un temps favorable pour un seul traitement que pour deux, et qu'il vaut mieux faire un bon traitement simple que deux réitérés médiocres.

Dans le traitement réitéré, on s'arrange toujours de façon à ne pas donner les injections successives à la même place. On ne fait, chaque fois, qu'une partie des trous: sauf cela, et la dose totale, qui est un peu renforcée, tout le reste, principes et disposition des trous, est le même dans les deux traitements.

Ainsi, par exemple, pour la vigne plantée en carrés, à 0^{m}66 d'écartement, et sulfurée à raison de deux trous par souche, au lieu d'une injection entre les ceps dans les lignes, sur les deux sens, comme dans le traitement simple, on donnera d'abord une injection à 6 grammes, entre les ceps, dans la ligne AB et les lignes qui lui sont parallèles, et six ou huit jours après une autre injection dans la ligne AF et dans celles de même direction (fig. 75).

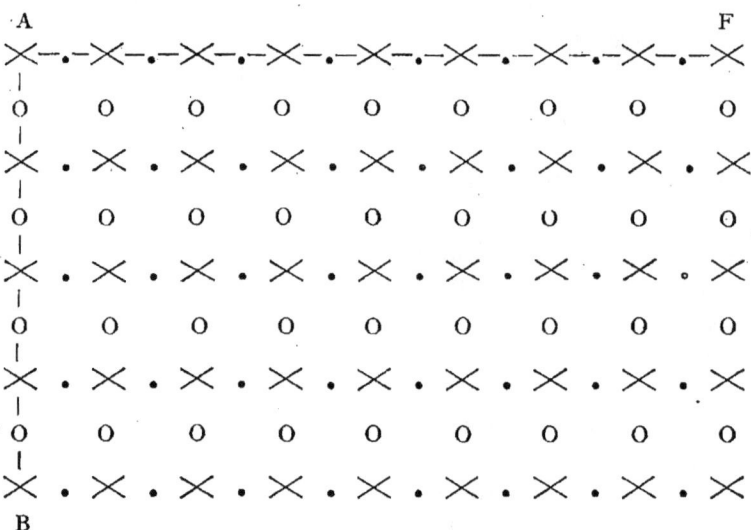

Fig. 75. — Traitement réitéré sur une vigne plantée en carrés à 0,66 d'écartement.

Le signe • représente la première opération.
Le signe O   —   la seconde opération.
Le signe X   les vignes.

Effets des traitements. — Les traitements au sulfure de carbone bien exécutés, détruisent la presque totalité des phylloxeras, mais ils ne font pas disparaître immédiatement le mal causé par leurs piqûres, ils n'ont pas la vertu de ressusciter les racines mortes : la formation des radicelles est l'œuvre du temps, des engrais et des soins.

La première année, le mal paraît à peine enrayé dans les vignes gravement atteintes ; le plus souvent pourtant les taches ne s'agrandissent pas, et les feuilles restent plus longtemps vertes que celles des vignes non traitées.

Les résultats commencent à devenir visibles la seconde année : la végétation se développe, le bois devient plus fort, de nouvelles radicelles se reforment, en sorte que, suivant l'intensité du mal, la reconstitution est complète la troisième ou la quatrième année. Le vignoble revenu aux conditions antérieures peut être ainsi maintenu *indéfiniment*, — alors même qu'il serait entouré de vignes non traitées, si l'on a soin de lutter, tous les ans, contre la réinvasion, au moyen du sulfure.

Les engrais après le sulfurage. — Le dernier congrès viticole de Bordeaux, en 1881, s'est occupé de la question des engrais à employer à la suite des traitements insecticides.

Voici les conclusions de la Commission chargée de cette étude :

« L'assistance régulière, au moyen des engrais, est un complément indispensable des traitements insecticides, même dans les terres fertiles par elles-mêmes. Les engrais chimiques immédiatement solubles remontent les vignes faibles plus rapidement que le fumier de ferme. La dose des matières fertilisantes qui paraissent le mieux réussir correspond par hectare à :

100 kil. au moins de potasse réelle (1),
50 — d'azote
30 — d'acide phosphorique.

« La non-adjonction des engrais aux applications insecticides, au moins en première année, sur toute la surface du vignoble phylloxéré, et en deuxième et troisième année sur les points restés faibles, a pour conséquence l'absence de végétation suffisante et de retour à la production. »

Il faut fumer d'autant plus que les vignes ont été davantage affaiblies par la maladie.

Beaucoup de vignerons s'imaginent que le sulfure de carbone use les terrains, qu'il faudra fumer davantage et indéfiniment avec l'emploi du sulfure. Ce préjuge, fort ancré dans nos campagnes, ne repose absolument sur rien. Tous les faits démentent cette assertion.

Doit-on fumer davantage. — L'expérience prouve que, si l'on traite les vignes phylloxérées au début de l'invasion, avant l'apparition des taches, — et par conséquent, avant la destruction des racines, — il n'est nul besoin de recourir à des fumures extraordinaires, tandis que si l'on attend que les taches aient apparu, ces fumures sont une nécessité qui s'impose. Nous en avons déjà expliqué la raison, toujours le même : c'est qu'avant que les taches soient visibles, le phylloxera a

---

(1) Nous croyons devoir donner quelques mélanges d'engrais qui réunissent ces proportions :

1· 225 kil. nitrate de potasse, 100 kil. sulfate d'ammoniaque, 260 superphosphate de chaux Chilton, contenant 15 % d'acide phosphorique soluble dans l'eau ;

2· 330 kil. nitrate de soude, 250 kil. superphosphate de chaux Ornithos, garanti à 12 % d'acide phosphorique soluble dans l'eau ; 200 kil. chlorure de potassium (ce dernier produit est remplacé avec avantage par 800 kil. kaïnit). On pourrait aussi remplacer le nitrate de soude par 250 kil. de sulfate d'ammoniaque ; mais, pour différentes raisons qu'il serait trop long d'énumérer, le nitrate de soude est préférable.

eu le temps d'exercer sur les racines des ravages considérables : les unes sont mortes, les autres, souffrantes, portent déjà en elles des germes de décomposition.

Dans ce cas, il est évident qu'il ne suffit pas de détruire le parasite par le sulfure, mais qu'il faut encore reconstituer les racines, provoquer la formation de nouvelles radicelles et donner, en attendant, à celles qui restent, une nourriture abondante qui puisse suffire à l'alimentation du végétal et à sa reconstitution. De là, nécessité des engrais en abondance *sur les taches*, — et dans ce cas, les plus solubles sont les meilleurs. — Mais il ne faut pas oublier que les engrais, ainsi fournis au sol, *contribuent à l'enrichir, et restent, pour ainsi dire, un véritable placement d'argent*.

L'insecte détruit, la vigne se rétablit, et, lorsque les racines attaquées ont repris leur vigueur, on revient aux fumures ordinaires, et, dût-on sulfurer indéfiniment, on n'a plus qu'à fumer *comme avant* l'invasion phylloxérique pour obtenir les mêmes récoltes.

Le sulfure de carbone empoisonne-t-il le terrain? — Nous connaissons un propriétaire qui, avant de sulfurer, voulut s'assurer que le sulfure n'empoisonnait pas le terrain. Pour ce faire, il mit au printemps, avec le pal, TRENTE FOIS la dose ordinaire, c'est-à-dire 600 GRAMMES par mètre carré (ce qu'on met en trente ans), et, à l'automne suivant, après labour, il sema du blé. Il est presque inutile de dire que ce blé est venu on ne peut mieux. C'est une expérience souvent faite et que peuvent répéter ceux qui croient, à *tort*, que le sulfure stérilise le sol.

M. Jaussan a répondu à ceux qui disent que les vignes sulfurées déclinent chaque année, en publiant les chiffres du rendement de ses récoltes. Ces chiffres prouvent que c'est le contraire qui est vrai. C'est la meilleure réponse à faire aux on-dit.

Ce que nous disions, il y a deux ans, touchant la

réussite des sulfurages est encore plus vrai maintenant que deux années de sécheresse, 1884-1885, ont accentué le constraste entre les vignes traitées et celles restées sans traitement.

Les vignes de Chiroubles, sulfurées depuis 7 ans, sont plus belles que jamais. Aussi les vignerons n'hésitent plus : ils comprennent que l'insecticide qui rétablit les vignes malades est capable de les maintenir longtemps encore. Les chiffres officiels, indiquant la progression des vignes traitées, dans le Rhône, ont une éloquence qui nous dispense d'insister :

Années	Nombre des syndicats	Nombre des adhérents	Surfaces
1879	1	68	34 33
1880	11	282	213 03
1881	142	3.686	3.583 38
1882	158	4.188	4.992 22
1883	223	4.437	5.346 51
1884	276	7.205	8.335 55
1885	284	9.793	12.154 37

Tous, cependant n'ont pas réussi, mais, toutes les fois que nous avons pu vérifier la cause d'un échec, nous avons constaté que l'échec provenait toujours de l'oubli de quelques-uns des principes fournis par l'expérience et que nous avons consignés dans ce petit volume. Le plus souvent la dose a été trop faible, ou les trous trop peu nombreux.

LES SYNDICATS DE DÉFENSE

ET DE TRAITEMENT

Depuis la promulgation de la loi du 2 août 1879, un grand nombre de syndicats ont été formés; chaque année le nombre des syndiqués augmente. On a compris qu'on ne saurait mieux faire qu'opposer au fléau la puissance de l'association.

Les syndicats peuvent avoir deux buts: la surveillance des vignobles ou leur défense.

Dans le premier cas, la cotisation est très minime, les propriétaires s'associent pour faire faire des recherches dans leurs vignes saines, afin d'être prêts à traiter sitôt le mal signalé. Pour quelques francs, les associés sont avertis et peuvent faire exécuter les traitements en temps opportun, ce qui, nous l'avons vu, est d'une grande importance. Dans un arrondissement non encore déclaré envahi, le traitement peut être fait par voie administrative.

Pour qu'un syndicat puisse participer aux subventions de l'État, il faut que le mode de traitement soit autorisé par la Commission supérieure du phylloxera. La subvention accordée par l'État varie de 120 à 40 francs par hectare, selon les départements et selon, aussi, que les syndicats sont de 1re, 2e et 3e année. Actuellement elle est uniformément fixée, pour le Rhône, à 40 francs par hectare et les propriétaires ne peuvent recevoir de subvention que pour cinq hectares au plus.

En admettant même que cette subvention soit réduite encore, voire même supprimée, nous ne saurions trop engager tous les propriétaires à former ces sociétés, qui ont rendu et sont appelées à rendre encore les plus grands services, tant par les renseignements qu'elles fournissent aux syndiqués que par le bon marché des achats faits en commun. Elles donnent aussi le moyen de faire plus facilement admettre par les pouvoirs publics, les vœux de la viticulture. Un autre avantage des syndicats et ce n'est pas le moins grand, c'est d'intéresser tout le monde à la défense ; les syndicataires transmettant leurs observations à leurs collègues, qui les contrôlent, tout le monde en profite.

Formation des syndicats de traitement — Pour constituer un syndicat, il suffit de faire adopter et signer par les adhérents (trois ou quatre au moins) appartenant à la même commune ou une commune limitrophe de celle où se constitue le syndicat, une convention par laquelle ils s'engagent à faire les frais nécessaires pour traiter, avec le concours de l'État, leurs vignes phylloxerées.

Cette convention est faite et signée, à quadruple exemplaires, dont un doit être enregistré au chef-lieu de canton. (Coût 5 fr. 65.)

Ces quatre expéditions sont alors remises, au préfet ou au sous-préfet, accompagnées 1° d'un certificat du maire de la commune qui doit être le siège du syndicat, constatant que cette association a bien pour but unique la défense des vignes phylloxerées dans la commune de X... et les communes limitrophes ; 2° d'une lettre du président demandant l'approbation du syndicat.

Dans beaucoup de départements, où les syndicats sont au début, on fera bien, pour éviter les lenteurs administratives, d'adresser, en même temps au ministre de l'agriculture, une lettre demandant la subvention et indiquant le nombre d'hectares syndiqués, le nom des membres du bureau et la date de la remise des pièces à la préfecture.

Sitôt les statuts approuvés par le préfet, le syndicat peut fonctionner. Les préfectures transmettent à M. le ministre de l'Agriculture les demandes de subvention, qui sont accordées un mois ou deux plus tard, après avis préalable de la Commission supérieure du phylloxera.

En indiquant le chiffre de la subvention, le préfet désigne les trois membres de la commission chargés de vérifier l'emploi des fonds. Cette commission dresse un procès-verbal de vérification, qui est envoyé avec les factures au préfet du département.

Une fois la subvention accordée par M. le ministre de l'Agriculture, elle est mandatée par le préfet, au nom du président du syndicat, proportionnellement aux dépenses faites et aux surfaces traitées, lorsque le syndicat a produit les pièces régulières, établissant le montant des dépenses effectuées.

Savoir : un bordereau général dressé par le trésorier et signé par le bureau établissant les dépenses de l'association pour le traitement (ce bordereau ne doit pas comprendre les frais généraux) et le procès-verbal de la commission de vérification.

Dans quelques départements on exige, de chaque propriétaire, un état de main-d'œuvre contenant la désignation des parcelles, la quantité de sulfure employée, le nombre et le prix des journées et la somme totale payée à chaque ouvrier. Cet état doit être signée par les ouvriers et le sociétaire, et les signatures légalisées par le maire de la commune.

Les récépissés du chemin de fer, constatant le payement du sulfure contre remboursement, sont admis comme pièces justificatives.

Pour le sulfure pris directement, par voiturier, dans les entrepôts ou fabriques, les factures doivent être faites sur papier timbré de 0,60 centimes, certifiées par le fournisseur et acquittées par lui, en signant sur le timbre de quittance et à côté.

Les menus frais du syndicat, lettres, enregistrement, etc., sont répartis également entre tous les syndiqués par le bureau qui remet la subvention aux sociétaires.

Les intéressés trouveront, dans les préfectures et sous-préfectures, des projets de conventions et les renseignements nécessaires; ils peuvent aussi s'adresser au professeur d'agriculture ou au délégué départemental contre le phylloxera dans chaque département.

Nous donnons, à titre de renseignement, le modèle de convention syndicale habituellement employé, dans le Rhône pour toutes ces associations.

DÉPARTEMENT
de

ARRONDISSEMENT
de

CANTON
de

COMMUNE DE

CONVENTION SYNDICALE

POUR LA

DESTRUCTION DU PHYLLOXÉRA

(Art. 5 de la loi du 2 août 1879)

Article premier

Les soussignés, propriétaires, demeurant à   canton de   , arrondissement de   (Rhône).

Vu les lois des 15 juillet 1878 et 2 août 1879, notamment le § 2 de l'article 5 de la dernière loi, ainsi conçu :

« Lorsque des propriétaires, en vue de la destruction,
« du phylloxera sur leur territoire, se seront organisés
« en Association syndicales temporaires approuvées

« par l'autorité administrative, ils pourront recevoir,
« sur l'avis conforme de la section permanente de la
« Commission supérieure du phylloxera, une subven-
« tion de l'État. Cette subvention ne pourra dans aucun
« cas, dépasser la somme votée par le syndicat pour
« le traitement des vignes phylloxerées ; »

Vu la circulaire n° 399, de M. le ministre de l'Agriculture et du Commerce, en date du 20 août 1879 ;

S'organisent en Association syndicale temporaire, ayant pour objet réel et unique la défense du vignoble par l'emploi d'un des traitements que recommande la Commission supérieure, en vue d'obtenir la subvention de l'État indiquée dans la loi ci-dessus visées du 2 août 1879.

Art. 2

Le bureau est composé comme suit :
  M.   , président ;
  M.   , secrétaire ;
  M.   , trésorier.

Art. 3

Le syndicat a son siège à

Les associés s'engagent à faire la dépense présumée nécessaire pour traiter avec le secours du gouvernement
hectares ares, se répartissant ainsi :

Savoir :

N°' d'ordre	NOMS DES PROPRIÉTAIRES qui s'engagent à participer à la dépense	DOMICILE	SUPERFICIE des vignes à traiter	
			hectares	ares

Art. 4

Les travaux de traitement, à la dose de 25 grammes de sulfure par mètre carré, sont évalués à la somme de deux cent soixante-cinq francs par hectare, savoir :

Pour le sulfure de carbone, 250 kil. à 40 francs les 100 kilos. . . . . Fr. 100 »
Pour les transports, main-d'œuvre et fumure complémentaire . . . . 165 »

Total égal . . . . Fr. 265 »

Le syndicat vote, dès à présent, la somme représentant les frais de transports, main-d'œuvre et de fumure complémentaire, que les propriétaires se réservent la faculté de faire eux-mêmes, sous le contrôle de la Commission, soit cent soixante-cinq francs (165 fr.) par hectare, ou en totalité de   francs.

Art. 5

Chaque associé doit une part de la dépense nette, proportionnelle au nombre d'hectares pour lequel il a adhéré au syndicat.

Fait en quadruple expédition à

le

(*Suivent les signatures.*)

TABLE ANALYTIQUE DES MATIÈRES

PAR ORDRE ALPHABÉTIQUE

	Pages
ANALYSE DU SULFURE DE CARBONE	18
BARILS (entretien des)	31
— (soudure des)	51
— (débouchage des)	32
BARRES A BOUCHER	63
BIDONS en zinc (utilité d'avoir des)	32
BONBONNES (inconvénients)	33
CHARRUES SULFUREUSES	51
CONVENTIONS SYNDICALES (formules)	104
DÉFENSE CONTRE LE PHYLLOXERA (doit-on se mettre en)	15
Conditions de divers moyens	16
DISPOSITIONS DES TROUS D'INJECTIONS pour les vignes plantées en carrés	65
En lignes simples	77
En lignes doubles	90
En quinconces	93
DOSAGE DU PAL INJECTEUR (moyen de régler le)	40
Vérification du fonctionnement	46
Correction d'un mauvais dosage	50
Calcul du dosage à employer	60
ENGRAIS. — Leur utilité après le sulfurage	97
Ils ne sont pas toujours nécessaires	98
ENTONNOIR-FILTRE. — Son utilité	42
ENTRETIEN JOURNALIER DES PALS	46
ÉPOQUES DES SULFURAGES	57
ÉQUIPES DE TRAITEMENT (organisation des)	64
ESSAIS PRATIQUES DE SULFURE	28
ALSIFICATION DU SULFURE DE CARBONE (moyen de reconnaitre la)	26
FONCTIONNEMENT DU PAL INJECTEUR (normal ou mauvais)	38
FORMULE pour le calcul des doses à employer	61
HUMIDITÉ DU SOL	57
INJECTEURS A TRACTION (description des)	
Leur utilité	51
OBTURATION. Bouchage des trous	59 et 63
PALS INJECTEURS (description des)	35
Démontage	47
Entretien	46
Fonctionnement	46
Réglage	39
Vérification	46
Coulage	50
Petites réparations	50
Soudures	51
Nettoyages journaliers	46
PAL A CLAPET LATÉRAL. Description	41
PAL SÉLECT. Description. Démontage	49
PALS DIVERS	50
PRATIQUE DES SULFURAGES (proportionnalité des doses)	60
PROFONDEUR DES TROUS	63
PHYLLOXERA. — Description	5
Insecte des racines, ses mues, ses pontes	6
Insecte ailé	8
Insecte sexué	9
Œufs d'hiver	9

	Pages
Essaimage	7
Ravages	10
Nodosités produites sur les racines	10
Ponte	6
Recherche du phylloxera	12
Examen des racines pour distinguer ses effets de ceux de l'écrivain, de la chlorose	12
RÉPARATIONS aux barils	51
— aux pals	50
ROBINETS en cuivre et en bois	33
SUBMERSION DES VIGNES	17
SUBVENTIONS AUX SYNDICATS	104
SULFOCARBOMÈTRES. — Description et emploi	47
SULFOCARBONATE DE POTASSIUM	17
SULFURE DE CARBONE. — Ses propriétés	18
Il est très inflammable	18
Son évaporation rapide, effet toxique de ses vapeurs	25
Il ne stérilise pas les terrains	99
Manière de le conserver	31
Il ne perd pas ses qualités en s'évaporant	25
Moyen de reconnaitre sa pureté	26
Moyen de le distinguer de l'eau	26
Sa fabrication	18
Son transport	31
SYNDICATS DE SURVEILLANCE. — Leur utilité	101
SYNDICATS DE DÉFENSE. — Leur utilité	101
Leur formation	102
Formule de convention	104
Subvention	104
TACHE PHYLLOXÉRIQUES. — Paraissent stationner, puis éclatent tout d'un coup	56
TERRAINS CONVENANT AU SULFURE	57
Terrains légers	57
TERRAINS OU LE SULFURE NE RÉUSSIT PAS	59
Terrains argileux	59
Terrains goutteux	59
Profondeur	59
TRAITEMENTS AU SULFURE DE CARBONE. — Les faire tôt	56
Conditions de réussite	57
Époque	57
Utilité d'opérer tous les ans	58
Ils s'appliquent à la surface entière et non à la tache	57
TRAITEMENT SIMPLE	65
TRAITEMENTS RÉITÉRÉS. — Dispositions générales	95
Exemple	96
TROUS D'INJECTIONS. — Conditions générales	61
Leurs dispositions pour les traitements simples des plantations en carrés	65
Pour les plantations en lignes simples	77
Pour les plantations en lignes doubles	90
Pour les plantations en quinconces	93
VÉRIFICATION DU DOSAGE DES PALS	46
VÉRIFICATION DU SULFURE DE CARBONE	26

AGENCE AGRICOLE ET VITICOLE
Rue d'Anse
A VILLEFRANCHE (Rhone)

203 1ers Prix et Médailles

SERVICE SPÉCIAL CONTRE LE PHYLLOXERA

SULFURE DE CARBONE

Barils et Matériel de sulfurages. — Pals injecteurs Gastine et Sélect. — Pulvérisateurs contre le Mildew. — Engrais chimique viticole. — Sulfate de cuivre.

VIGNES AMÉRICAINES

Porte-greffes divers, en racinés ou boutures.
Producteurs directs,   »
Vignes greffées et soudées.
Greffoirs Kunde, Raphia, etc.

CHAMPS D'EXPÉRIENCES A PROXIMITÉ DE LA GARE
20 HECTARES DE CULTURE
DEMANDER LE CATALOGUE

MATÉRIEL VITICOLE

VERMOREL, Constructeur
A VILLEFRANCHE (Rhône)

PRESSOIRS A VIN

De toutes forces, à levier multiple, puissance considérable. — PRIX RÉDUITS.

Vis & Appareils pour Pressoirs & réparation de Pressoirs

Charrues vigneronnes. — Houes et Herses vigneronnes. — Harnais viticoles. — Charrues défonçeuses. — Fers à T pour palissage de la vigne. — Pompes à Vin. — Fouloirs, etc., etc.

ÉLIXIR ET PATE	**SIROP de RAIFORT**
Créosotés	Iodé
BOUSSENOT	***BOUSSENOT***
Préparations sans rivales pour le soulagement immédiat et la guérison certaine des rhumes, bronchites, catarrhes, coqueluches, gêne dans la respiration, etc., etc.	Ce Sirop qui doit toujours être incolore, garantie de sa bonne préparation, est journellement prescrit par les sommités médicales pour remplacer, avec avantage, l'huile de foie de morue et tous les dépuratifs employés.

Dépôt général : Pharmacie BOUSSENOT — 89, r. de la République
LYON

BOUCHE – GORGE – LARYNX

Le Gargarisme BARNOUD, au borate de soude, présenté sous forme d'un bonbon agréable, constitue le plus puissant remède contre les *maux de gorge*, les *irritations du larynx*, l'*extinction de voix*, les *ulcérations de la bouche* et *des gencives*. L'usage de ces pastilles, qu'on laisse fondre lentement dans la bouche, est indispensable à toute personne faisant un grand usage de la parole : elles donnent de la souplesse et de l'ampleur à la voix. — Envoi franco contre 2 fr. 50 en timbres-poste à la pharmacie PRUDON, *3, rue de la République*, à LYON. — Dépôt dans toutes les pharmacies.

SPÉCIALITÉ
DE
VINS MÉDICINAUX

VIN DE QUINQUINA AU MALAGA
Prix : 5 fr. le litre

Vin de Colombo.
— de Coca, du Pérou.
— créosoté.
— à l'extrait de viande.
— de quinium, etc., etc.

VINS FINS POUR CONVALESCENTS

Expédition franco

Pharmacie DENAUX
Rue de la Charité, 52, LYON

LABORATOIRE SPÉCIAL

pour l'analyse chimique & microscopique
DES URINES

Joseph DENAUX, Ph^{ien}-Chimiste
Rue des Remparts-d'Ainay, 22
LYON

Il est toujours délivré un bulletin d'analyse pouvant être remis à son médecin.

Le prix des analyses est envoyé à toute personne qui en fera la demande à l'adresse ci-dessus.

FABRIQUE
DE
SULFURE DE CARBONE

J. DEISS, ODET & Cie

Chemin du Pré-Gaudry

LYON (La Mouche)

 FOURNISSEURS DE LA Cie DES CHEMINS DE FER

Paris-Lyon-Méditerranée

Dès le début de la création du service contre le phylloxera.

MÉDAILLES A L'EXPOSITION UNIVERSELLE DE 1878
ET A L'EXPOSITION DU CONGRÈS INTERNATIONAL PHYLLOXÉRIQUE DE BORDEAUX 1881

NOTA. — *L'usine fournit les fûts, pals et robinets aux prix de facture.*

USINES

LYON, MARSEILLE, SALON (Bouches-du-Rhône)
TORTOSA (Espagne).

www.ingramcontent.com/pod-product-compliance
Lightning Source LLC
Chambersburg PA
CBHW070519100426
42743CB00010B/1878